23년 출간 교재 · 24년 출간 교재 · 25년 출간 교재

영역	과목	교재	예비 초등			1-2학년				3-4학년				5-6학년				예비중등	
쓰기력	국어	한글 바로 쓰기	P1	P2	P3														
			P1~3_활동 모음집																
	국어	맞춤법 바로 쓰기				[illegible]	[illegible]	[illegible]	[illegible]	[illegible]	[illegible]	[illegible]							
어휘력	전 과목	어휘				[illegible]	[illegible]	[illegible]	[illegible]	[illegible]	[illegible]	[illegible]	4B	5A	5B	6A	6B		
	전 과목	한자 어휘				1A	[illegible]	2A	2B	3A	3B	4A	4B	5A	5B	6A	6B		
	영어	파닉스				1		2											
	영어	영단어								3A	3B	4A	4B	5A	5B	6A	6B		
독해력	국어	독해	P1	P2		1A	1B	2A	2B	3A	3B	4A	4B	5A	5B	6A	6B		
	한국사	독해 인물편								1		2		3		4			
	한국사	독해 시대편								1		2		3		4			
계산력	수학	계산				1A	1B	2A	2B	3A	3B	4A	4B	5A	5B	6A	6B	7A	7B
교과서 문해력	전 과목	개념어+서술어				1A	1B	2A	2B	3A	3B	4A	4B	5A	5B	6A	6B		
	사회	교과서 독해								3A	3B	4A	4B	5A	5B	6A	6B		
	과학	교과서 독해								3A	3B	4A	4B	5A	5B	6A	6B		
	수학	문장제 기본				1A	1B	2A	2B	3A	3B	4A	4B	5A	5B	6A	6B		
	수학	문장제 발전				1A	1B	2A	2B	3A	3B	4A	4B	5A	5B	6A	6B		

영역	과목	교재	예비 초등			
창의·사고력	전 영역	창의력 키우기	1	2	3	4

* 초등학생을 위한 영역별 배경지식 함양 <완자 공부력> 시리즈는 2024년부터 출간됩니다.

* 완자 공부력 신간은 계속해서 출간됩니다.

visang

공부로 이끄는 힘!

완자 공부력

교과서 문해력

수학 문장제 | 기본 | 1B

1학년

수학 문장제 기본 단계별 구성

1A	1B	2A	2B	3A	3B
9까지의 수	100까지의 수	세 자리 수	네 자리 수	덧셈과 뺄셈	곱셈
여러 가지 모양	덧셈과 뺄셈 (1)	여러 가지 도형	곱셈구구	평면도형	나눗셈
덧셈과 뺄셈	여러 가지 모양	덧셈과 뺄셈	길이 재기	나눗셈	원
비교하기	덧셈과 뺄셈 (2)	길이 재기	시각과 시간	곱셈	분수
50까지의 수	시계 보기와 규칙 찾기	분류하기	표와 그래프	길이와 시간	들이와 무게
	덧셈과 뺄셈 (3)	곱셈	규칙 찾기	분수와 소수	자료의 정리

수학 교과서 전 단원, 전 영역 문장제 문제를
쉽게 익히고 연습하여 문제 해결력을 길러요!

4A	4B	5A	5B	6A	6B
큰 수	분수의 덧셈과 뺄셈	자연수의 혼합 계산	수의 범위와 어림하기	분수의 나눗셈	분수의 나눗셈
각도	삼각형	약수와 배수	분수의 곱셈	각기둥과 각뿔	소수의 나눗셈
곱셈과 나눗셈	소수의 덧셈과 뺄셈	규칙과 대응	합동과 대칭	소수의 나눗셈	공간과 입체
평면도형의 이동	사각형	약분과 통분	소수의 곱셈	비와 비율	비례식과 비례배분
막대 그래프	꺾은선 그래프	분수의 덧셈과 뺄셈	직육면체	여러 가지 그래프	원의 둘레와 넓이
규칙 찾기	다각형	다각형의 둘레와 넓이	평균과 가능성	직육면체의 부피와 겉넓이	원기둥, 원뿔, 구

특징과 활용법

준비하기
단원별 2쪽, 가볍게 몸풀기

문장제 준비하기

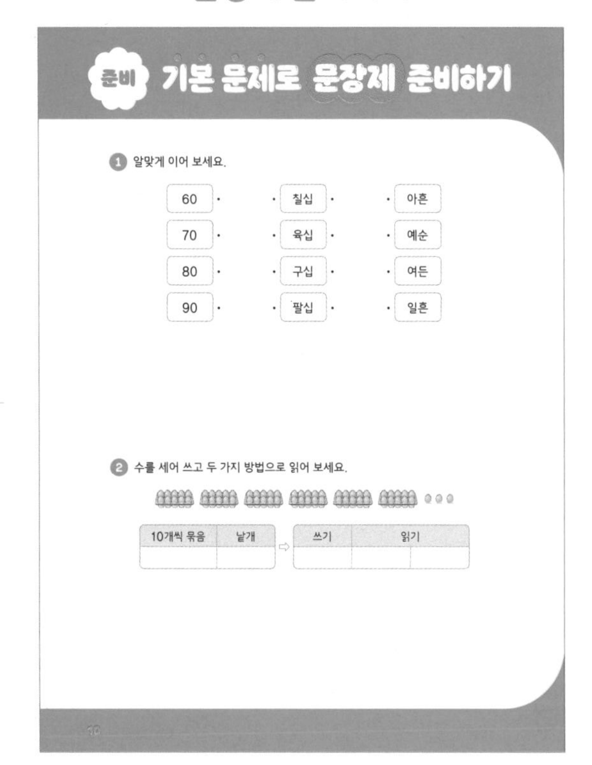

계산 문제나 기본 문제를
풀면서 개념을 확인해요!
잘 기억나지 않는 건
도움말을 보면서 떠올려요!

일차 학습
하루 4쪽, 문장제 학습

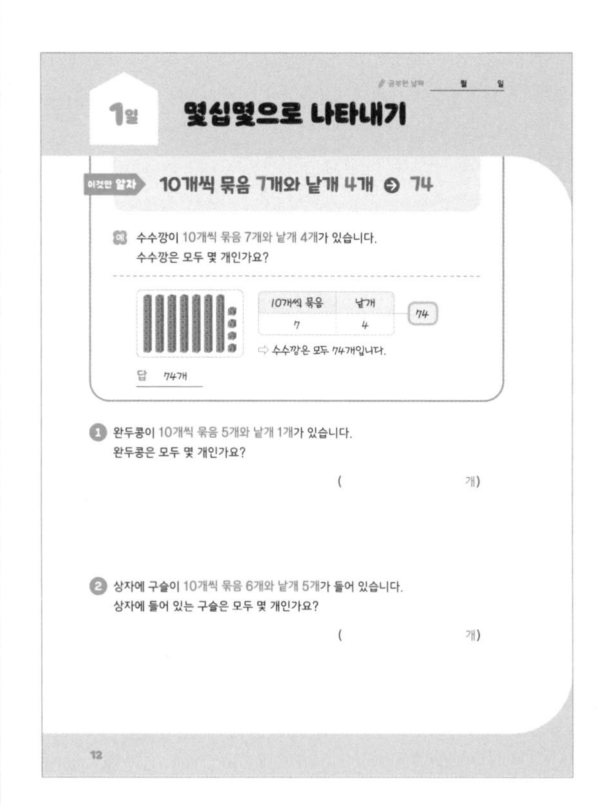

하루에 4쪽만 공부하면 끝!
이것만 알자 속 내용만 기억하면
풀이가 술술~

실력 확인하기

단원별 마무리하기와 총정리 실력 평가

마무리하기

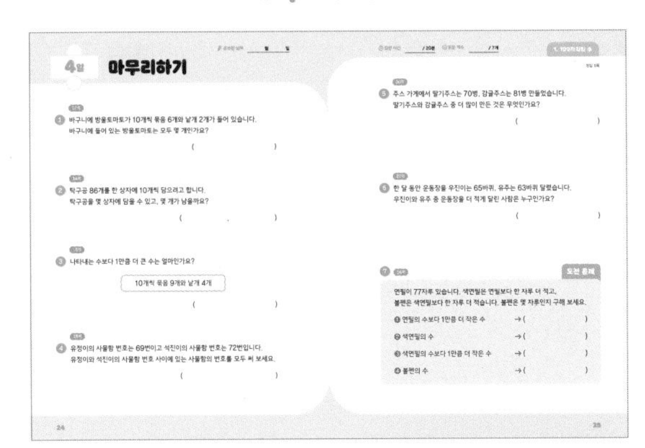

앞에서 배운 문제를
풀면서 실력을 확인해요.
조금 더 어려운 도전 문제까지
성공하면 최고!

실력 평가

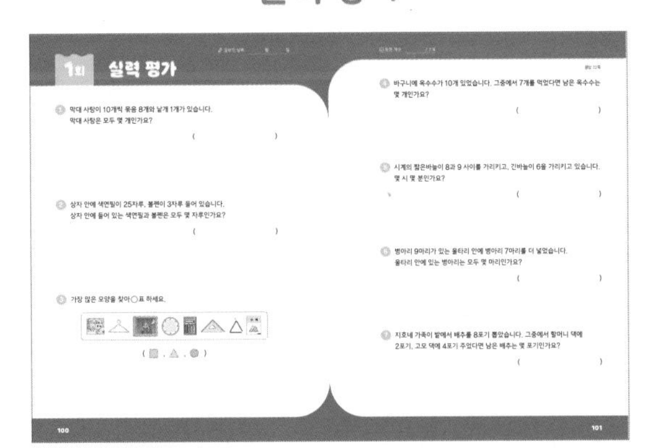

한 권을 모두 끝낸 후엔
실력 평가로 내 실력을 점검해요!
6개 이상 맞혔으면
발전편으로 GO!

정답과 해설

정답과 해설을 빠르게 확인하고,
틀린 문제는 다시 풀어요!
QR을 찍으면 모바일로도
정답을 확인할 수 있어요!

차례

1 100까지의 수

준비

기본 문제로
문장제 준비하기

1일차

- 몇십몇으로 나타내기
- 10개씩 묶음의 수와 낱개로 나타내기

2일차

- 1만큼 더 큰(작은) 수 구하기
- 사이에 있는 수 구하기

3일차

- 더 많은 것 구하기
- 더 적은 것 구하기

4일차

마무리하기

기본 문제로 문장제 준비하기

1 알맞게 이어 보세요.

60 •	• 칠십 •	• 아흔
70 •	• 육십 •	• 예순
80 •	• 구십 •	• 여든
90 •	• 팔십 •	• 일흔

2 수를 세어 쓰고 두 가지 방법으로 읽어 보세요.

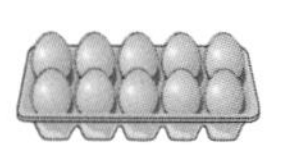 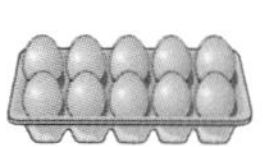   

10개씩 묶음	낱개

⇨

쓰기	읽기	

정답 2쪽

3 순서에 알맞게 빈칸에 수를 써넣으세요.

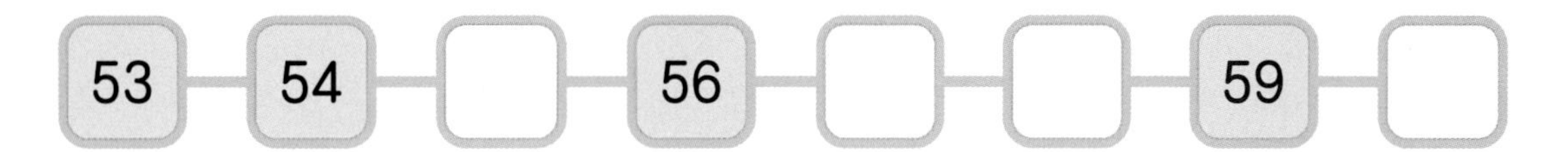
53
54
56
59

4 ○ 안에 >, <를 알맞게 써넣으세요.

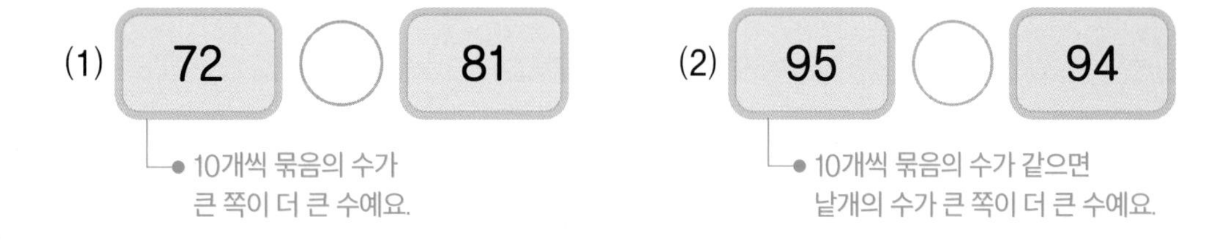
(1) 72
81
10개씩 묶음의 수가
큰 쪽이 더 큰 수예요.
(2) 95
94
10개씩 묶음의 수가 같으면
낱개의 수가 큰 쪽이 더 큰 수예요.

5 짝수에 ○표, 홀수에 △표 하세요.

짝수: 둘씩 짝을 지을 수 있는 수
홀수: 둘씩 짝을 지을 수 없는 수

2 3 7 8 9 10

공부한 날짜 월 일

1일 몇십몇으로 나타내기

이것만 알자 10개씩 묶음 7개와 낱개 4개 ➔ 74

예 수수깡이 10개씩 묶음 7개와 낱개 4개가 있습니다.
수수깡은 모두 몇 개인가요?

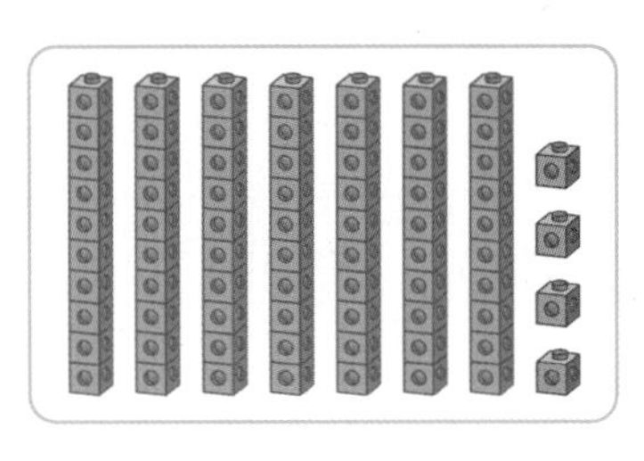

10개씩 묶음	낱개
7	4

→ 74

⇨ 수수깡은 모두 74개입니다.

답 74개

1 완두콩이 10개씩 묶음 5개와 낱개 1개가 있습니다.
완두콩은 모두 몇 개인가요?

(개)

2 상자에 구슬이 10개씩 묶음 6개와 낱개 5개가 들어 있습니다.
상자에 들어 있는 구슬은 모두 몇 개인가요?

(개)

왼쪽 ①, ②번과 같이 문제의 핵심 부분에 색칠하고,
문제를 풀어 보세요.

정답 2쪽

③ 풍선이 10개씩 묶음 7개와 낱개 9개가 있습니다.
풍선은 모두 몇 개인가요?

( )

④ 호두과자가 10개씩 묶음 9개와 낱개 2개가 있습니다.
호두과자는 모두 몇 개인가요?

( )

⑤ 자전거 대여소에 자전거가 10대씩 묶음 8개와 낱개 6대가 있습니다.
자전거 대여소에 있는 자전거는 모두 몇 대인가요?

( )

1일

10개씩 묶음의 수와 낱개로 나타내기

이것만 알자 **67 → 10개씩 묶음 6개와 낱개 7개**

예 사과 67개를 한 상자에 10개씩 담으려고 합니다.
사과를 몇 상자에 담을 수 있고, 몇 개가 남을까요?

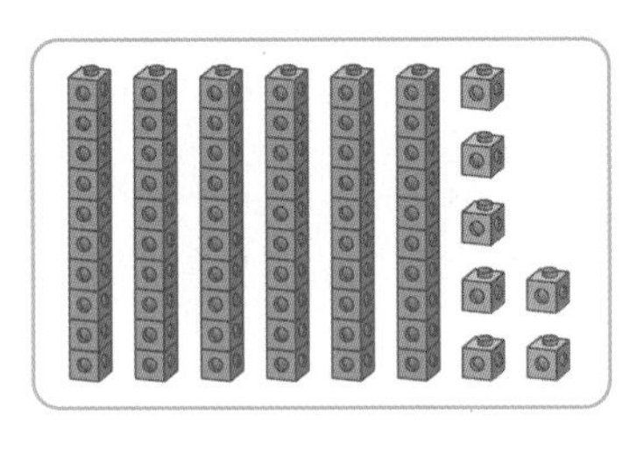

67

10개씩 묶음	낱개
6	7

⇨ 사과를 6상자에 담을 수 있고, 7개가 남습니다.

답 6상자, 7개

1 꿀떡 78개를 한 접시에 10개씩 담으려고 합니다.
꿀떡을 몇 접시에 담을 수 있고, 몇 개가 남을까요?

(,)

2 금붕어 83마리를 어항 한 개에 10마리씩 넣으려고 합니다.
금붕어를 어항 몇 개에 넣을 수 있고, 몇 마리가 남을까요?

(,)

왼쪽 ①, ②번과 같이 문제의 핵심 부분에 색칠하고, 문제를 풀어 보세요.

정답 3쪽

③ 붕어빵 66개를 한 봉지에 10개씩 담으려고 합니다. 붕어빵을 몇 봉지에 담을 수 있고, 몇 개가 남을까요?

(,)

④ 장미 95송이를 꽃병 한 개에 10송이씩 꽂으려고 합니다. 장미를 꽃병 몇 개에 꽂을 수 있고, 몇 송이가 남을까요?

(,)

⑤ 당근 54개를 말 한 마리에게 10개씩 주려고 합니다. 당근을 말 몇 마리에게 줄 수 있고, 몇 개가 남을까요?

(,)

2일 1만큼 더 큰(작은) 수 구하기

이것만 알자

1만큼 더 큰 수, 한 개 더 많이 ➔ 바로 뒤의 수를 구하기

1만큼 더 작은 수, 한 개 더 적게 ➔ 바로 앞의 수를 구하기

예 귤을 지호는 62개 땄고, 현우는 지호보다 한 개 더 많이 땄습니다.
현우가 딴 귤은 몇 개인가요?

62보다 1만큼 더 큰 수는 62 바로 뒤의 수이므로 63입니다.

⇨ 현우가 딴 귤은 63개입니다.

답 63개

1 도서관에 동화책은 87권 있고, 위인전은 동화책보다 한 권 더 많이 있습니다.
도서관에 있는 위인전은 몇 권인가요?

(권)

2 나타내는 수보다 1만큼 더 작은 수는 얼마인가요?

10개씩 묶음 7개와 낱개 3개

( )

왼쪽 ①, ②번과 같이 문제의 핵심 부분에 색칠하고,
문제를 풀어 보세요.

정답 3쪽

③ 나타내는 수보다 1만큼 더 큰 수는 얼마인가요?

10개씩 묶음 6개와 낱개 8개

( )

④ 할머니의 나이는 81살이고, 할아버지의 나이는 할머니보다 한 살 더 적습니다. 할아버지의 나이는 몇 살인가요?

( )

⑤ 비 오는 날에 우산을 쓰고 등교한 학생은 99명이고,
비옷을 입고 등교한 학생은 우산을 쓰고 등교한 학생보다 한 명 더 많습니다.
비옷을 입고 등교한 학생은 몇 명인가요?

( )

2일 사이에 있는 수 구하기

이것만 알자

1-2-3-4-5

1과 5 사이에 있는 수

예 은호의 소극장 자리 번호는 59번이고 민지의 자리 번호는 63번입니다.
은호와 민지 사이에 있는 자리 번호를 모두 써 보세요.

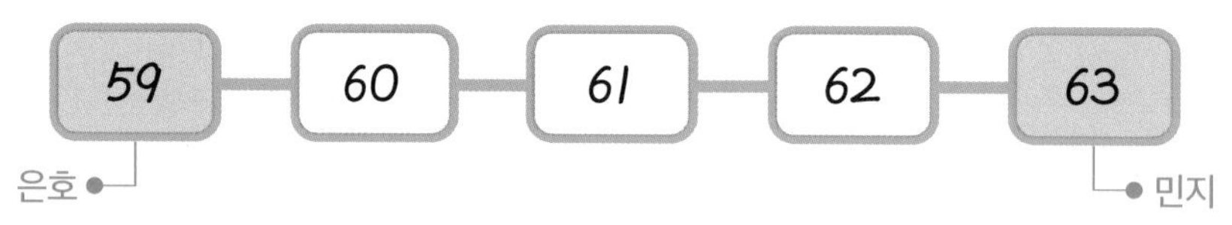

⇨ 59와 63 사이에 있는 수는 60, 61, 62입니다.

답 60번, 61번, 62번

1 우체국에서 받은 연아의 번호표는 78번이고 희주의 번호표는 81번입니다.
연아와 희주 사이에 있는 사람들의 번호를 모두 써 보세요.

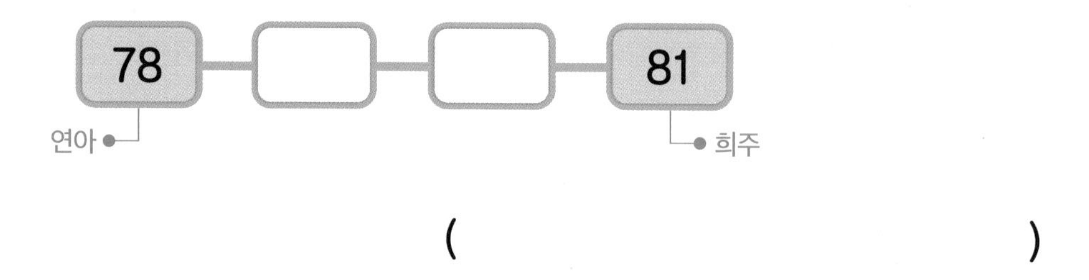

( )

2 수 카드를 수의 순서대로 늘어놓았습니다.
수 카드 **85** 와 **89** 사이에 있는 수 카드의 수를 모두 써 보세요.

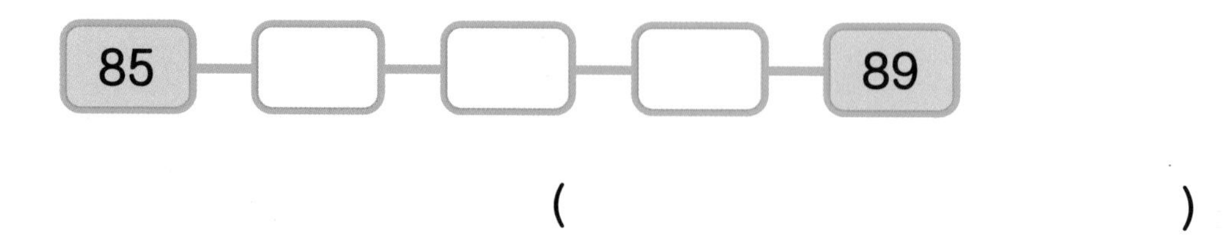

( )

왼쪽 ①, ②번과 같이 문제의 핵심 부분에 색칠하고,
문제를 풀어 보세요.

정답 4쪽

③ 고구마를 다희는 73개 캤고 석주는 75개 캤습니다.
상미는 다희와 석주가 캔 고구마 수 사이에 있는 수만큼 캤다면
상미가 캔 고구마 수는 몇 개인지 써 보세요.

( )

④ 도서관에 책이 번호 순서대로 꽂혀 있습니다.
윤지는 65번 책과 68번 책 사이에 있는 책을 빌려왔다면
윤지가 빌려온 책의 번호를 모두 써 보세요.

( )

⑤ 어느 빌딩의 88층에는 전시장이 있고 92층에는
전망대가 있습니다. 전시장과 전망대가 있는 층
사이에 있는 층을 모두 써 보세요.

( )

3일 더 많은 것 구하기

이것만 알자

더 많은 것은?
➔ 10개씩 묶음의 수가 더 큰 수 구하기

예 밤이 92개, 대추가 74개 있습니다.
밤과 대추 중 더 많은 것은 무엇인가요?

10개씩 묶음의 수가 클수록 더 큰 수입니다.

92 > 74

92는 74보다 큽니다.

⇨ 더 많은 것은 밤입니다.

답 밤

10개씩 묶음의 수가 같으면
낱개의 수가 클수록 더 큰 수예요.
예 84>82

1 미술실에 노란색 물감이 65개, 파란색 물감이 76개 있습니다.
노란색 물감과 파란색 물감 중 더 많은 것은 무엇인가요?

( )

2 뒷산에 밤나무가 54그루, 잣나무가 59그루 있습니다.
밤나무와 잣나무 중 더 많은 것은 무엇인가요?

( )

왼쪽 ①, ②번과 같이 문제의 핵심 부분에 색칠하고, 비교해야 하는 두 수에 밑줄을 그어 문제를 풀어 보세요.

정답 4쪽

③ 문구점에 공책이 93권, 스케치북이 88권 있습니다. 공책과 스케치북 중 더 많은 것은 무엇인가요?

( )

④ 만화책을 민석이는 72쪽, 수아는 76쪽 읽었습니다. 민석이와 수아 중 만화책을 더 많이 읽은 사람은 누구인가요?

( )

⑤ 석규가 줄넘기를 어제는 87번, 오늘은 80번 넘었습니다. 어제와 오늘 중 줄넘기를 더 많이 넘은 날은 언제인가요?

( )

3일 더 적은 것 구하기

이것만 알자

더 적은 것은?
➔ 10개씩 묶음의 수가 더 작은 수 구하기

예 색종이는 68장, 도화지는 71장 있습니다.
색종이와 도화지 중 더 적은 것은 무엇인가요?

10개씩 묶음의 수가 작을수록 더 작은 수입니다.

$68 < 71$

68은 71보다 작습니다.

⇨ 더 적은 것은 색종이입니다.

답 색종이

10개씩 묶음의 수가 같으면
낱개의 수가 작을수록 더 작은 수예요.
예 $86 < 89$

1 젤리는 82개, 초콜릿은 75개 있습니다.
젤리와 초콜릿 중 더 적은 것은 무엇인가요?

( )

2 미술관에 어른은 93명, 어린이는 98명 입장했습니다.
어른과 어린이 중 더 적게 입장한 사람은 누구인가요?

( )

왼쪽 ❶, ❷번과 같이 문제의 핵심 부분에 색칠하고,
비교해야 하는 두 수에 밑줄을 그어 문제를 풀어 보세요.

정답 5쪽

❸ 오늘 놀이공원에서 청룡열차는 70번, 회전목마는 53번 운행했습니다. 청룡열차와 회전목마 중 더 적게 운행한 것은 무엇인가요?

( )

❹ 농장에 오리는 54마리, 닭은 56마리 있습니다. 오리와 닭 중 더 적은 것은 무엇인가요?

( )

❺ 가게에서 햄버거는 68개, 샌드위치는 66개 팔았습니다. 햄버거와 샌드위치 중 더 적게 판 것은 무엇인가요?

( )

4일 마무리하기

12쪽

1 바구니에 방울토마토가 10개씩 묶음 6개와 낱개 2개가 들어 있습니다.
바구니에 들어 있는 방울토마토는 모두 몇 개인가요?

( )

14쪽

2 탁구공 86개를 한 상자에 10개씩 담으려고 합니다.
탁구공을 몇 상자에 담을 수 있고, 몇 개가 남을까요?

(,)

16쪽

3 나타내는 수보다 1만큼 더 큰 수는 얼마인가요?

10개씩 묶음 9개와 낱개 4개

( )

18쪽

4 유정이의 사물함 번호는 69번이고 석진이의 사물함 번호는 72번입니다.
유정이와 석진이의 사물함 번호 사이에 있는 사물함의 번호를 모두 써 보세요.

( )

정답 5쪽

20쪽

5 주스 가게에서 딸기주스는 70병, 감귤주스는 81병 만들었습니다. 딸기주스와 감귤주스 중 더 많이 만든 것은 무엇인가요?

( )

22쪽

6 한 달 동안 운동장을 우진이는 65바퀴, 유주는 63바퀴 달렸습니다. 우진이와 유주 중 운동장을 더 적게 달린 사람은 누구인가요?

( )

7 16쪽 **도전 문제**

연필이 77자루 있습니다. 색연필은 연필보다 한 자루 더 적고, 볼펜은 색연필보다 한 자루 더 적습니다. 볼펜은 몇 자루인지 구해 보세요.

❶ 연필의 수보다 1만큼 더 작은 수 → ( )

❷ 색연필의 수 → ( )

❸ 색연필의 수보다 1만큼 더 작은 수 → ( )

❹ 볼펜의 수 → ( )

2 덧셈과 뺄셈(1)

준비

계산으로
문장제 준비하기

5일차

- 모두 몇인지 구하기
- 더 많은 수 구하기

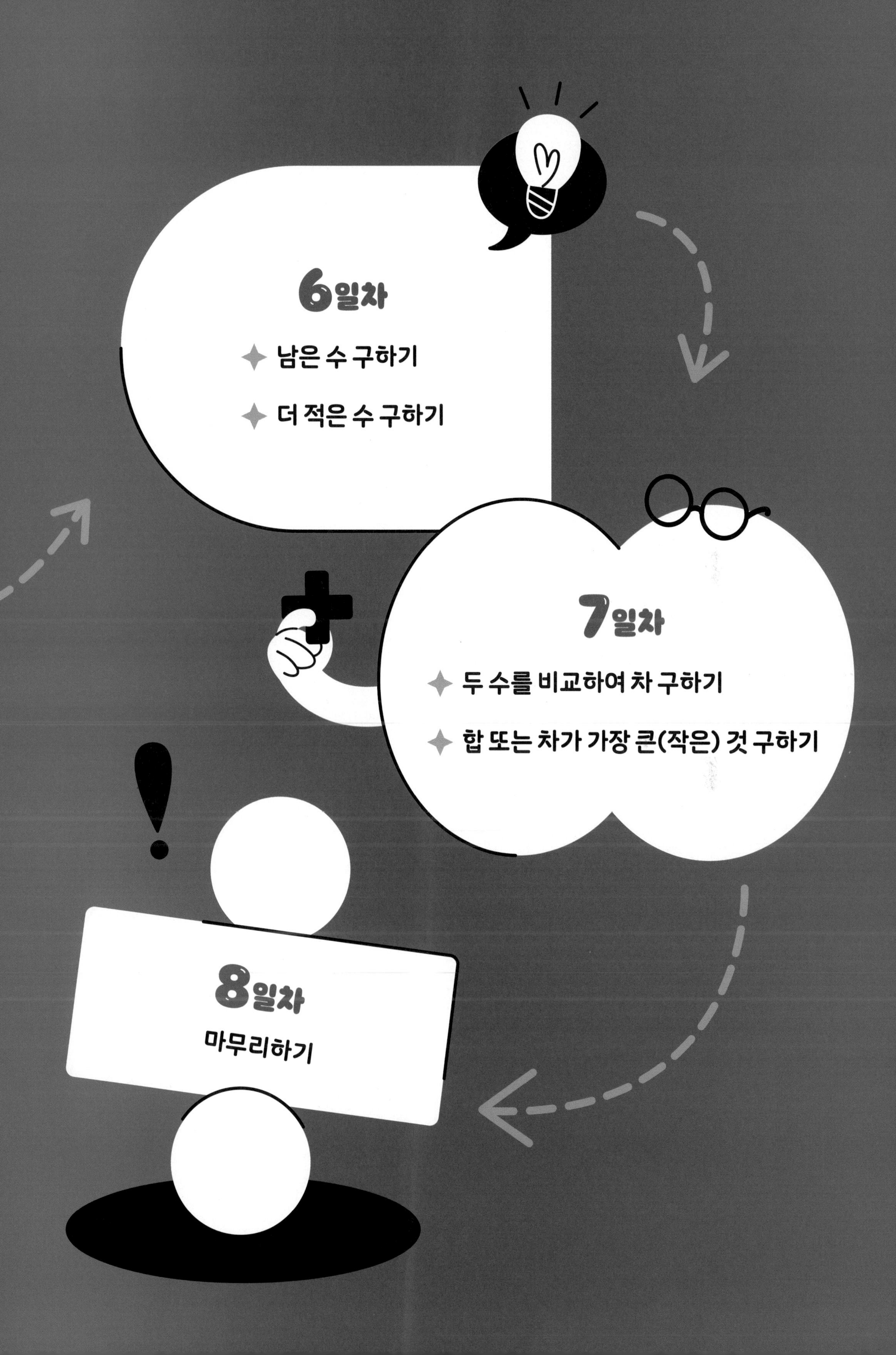
6일차
남은 수 구하기
더 적은 수 구하기
7일차
두 수를 비교하여 차 구하기
합 또는 차가 가장 큰(작은) 것 구하기
8일차
마무리하기

준비 계산으로 문장제 준비하기

덧셈과 뺄셈을 해 보세요.

❶
$$\begin{array}{r} 5\ 0 \\ +\ \ \ 7 \\ \hline \end{array}$$

❷
$$\begin{array}{r} 2\ 0 \\ +\ 5\ 0 \\ \hline \end{array}$$

❸
$$\begin{array}{r} 3\ 5 \\ +\ 1\ 4 \\ \hline 4\ 9 \end{array}$$

10개씩 묶음은
10개씩 묶음끼리,
낱개는 낱개끼리 더해요.

❹
$$\begin{array}{r} 4\ 2 \\ +\ 2\ 3 \\ \hline \end{array}$$

❺
$$\begin{array}{r} 2\ 7 \\ -\ \ \ 3 \\ \hline \end{array}$$

❻
$$\begin{array}{r} 7\ 0 \\ -\ 4\ 0 \\ \hline \end{array}$$

❼
$$\begin{array}{r} 3\ 9 \\ -\ 1\ 6 \\ \hline 2\ 3 \end{array}$$

10개씩 묶음은
10개씩 묶음끼리,
낱개는 낱개끼리 빼요.

❽
$$\begin{array}{r} 6\ 8 \\ -\ 3\ 2 \\ \hline \end{array}$$

정답 6쪽

9. $20+9=$

10. $7+51=$

11. $30+40=$

12. $13+15=$

13. $54+22=$

14. $16-4=$

15. $74-3=$

16. $90-50=$

17. $39-17=$

18. $86-43=$

공부한 날짜 월 일

5일 모두 몇인지 구하기

이것만 알자

모두 몇 개 → 두 수를 더하기

예 딸기를 윤지는 11개, 동생은 8개 먹었습니다.
윤지와 동생이 먹은 딸기는 모두 몇 개인가요?

(윤지와 동생이 먹은 딸기의 수)
= (윤지가 먹은 딸기의 수) + (동생이 먹은 딸기의 수)

식 $11+8=19$ 답 19개

1 어머니가 귤은 20개, 배는 10개 사 오셨습니다.
어머니가 사 오신 귤과 배는 모두 몇 개인가요?

식 $20+10=\square$ 답 □개

귤의 수 배의 수

2 냉장고에 주스가 3병, 요구르트가 14병 있습니다.
냉장고에 있는 주스와 요구르트는 모두 몇 병인가요?

식 $\square+\square=\square$ 답 □병

왼쪽 ①, ②번과 같이 문제의 핵심 부분에 색칠하고,
계산해야 하는 두 수에 밑줄을 그어 문제를 풀어 보세요.

정답 6쪽

3 운동회에서 줄다리기를 하는 학생은 21명, 박 터뜨리기를 하는 학생은 7명입니다. 줄다리기와 박 터뜨리기를 하는 학생은 모두 몇 명인가요?

식 ____________________ 답 ____________

4 인형 가게에 강아지 인형이 40개, 토끼 인형이 50개 있습니다. 인형 가게에 있는 강아지 인형과 토끼 인형은 모두 몇 개인가요?

식 ____________________ 답 ____________

5 은지의 일기를 읽고 은지와 오빠가 캔 조개는 모두 몇 개인지 구해 보세요.

2○○○년 ○월 ○일 ○요일

가족들과 함께 갯벌 체험을 갔다.
조개를 나는 34개, 오빠는 42개 캤다.
가족들과 함께여서 더 즐거웠다.

식 ____________________ 답 ____________

5일 더 많은 수 구하기

이것만 알자 40개보다 20개 더 많이 ➔ 40+20

예 꽃집에 장미는 40송이 있고, 백합은 장미보다 20송이 더 많이 있습니다. 꽃집에 있는 백합은 몇 송이인가요?

(꽃집에 있는 백합의 수)
= (장미의 수) + 20

식 40 + 20 = 60 답 60송이

1 색연필을 선희는 13자루 가지고 있고, 재호는 선희보다 4자루 더 많이 가지고 있습니다. 재호가 가지고 있는 색연필은 몇 자루인가요?

식 13+4=☐ 답 ☐자루

선희가 가지고 있는 색연필의 수

2 빵집에서 단팥빵을 52개 구웠고, 식빵은 단팥빵보다 15개 더 많이 구웠습니다. 빵집에서 구운 식빵은 몇 개인가요?

식 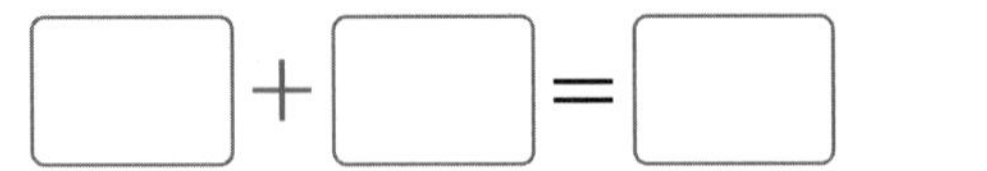
☐+☐=☐ 답 ☐개

왼쪽 ①, ②번과 같이 문제의 핵심 부분에 색칠하고,
계산해야 하는 두 수에 밑줄을 그어 문제를 풀어 보세요.

정답 7쪽

③ 자전거 대여소에 세발자전거가 8대 있고,
두발자전거는 세발자전거보다 31대 더 많이
있습니다. 두발자전거는 몇 대인가요?

식 ____________________ 답 __________

④ 수연이의 나이는 12살이고, 수연이 이모의 나이는 수연이보다 25살
더 많습니다. 수연이 이모의 나이는 몇 살인가요?

식 ____________________ 답 __________

⑤ 해준이가 국어 점수는 80점 받았고, 수학 점수는 국어 점수보다 10점 더 많이
받았습니다. 해준이가 받은 수학 점수는 몇 점인가요?

식 ____________________ 답 __________

6일 남은 수 구하기

이것만 알자

~하고 남은 것은 몇 개

→ (처음에 있던 수) − (없어진 수)

예 문구점에 공책이 89권 있었습니다. 그중에서 7권을 팔았다면 남은 공책은 몇 권인가요?

(남은 공책의 수)
= (처음에 있던 공책의 수) − (판 공책의 수)

식 89 − 7 = 82 답 82권

1 경석이는 젤리를 20개 가지고 있었습니다. 그중에서 10개를 먹었다면 경석이에게 남은 젤리는 몇 개인가요?

식 20 − 10 = ☐ 답 ☐개

처음에 가지고 있던 젤리의 수 / 먹은 젤리의 수

2 버스에 18명이 타고 있었습니다. 그중에서 11명이 버스에서 내렸다면 버스에 남은 사람은 몇 명인가요?

식  답 ☐명

왼쪽 ①, ②번과 같이 문제의 핵심 부분에 색칠하고,
계산해야 하는 두 수에 밑줄을 그어 문제를 풀어 보세요.

정답 7쪽

③ 기범이는 색종이를 70장 가지고 있었습니다. 그중에서 40장을 사용하였다면 기범이에게 남은 색종이는 몇 장인가요?

식 ______________________ 답 __________

④ 주차장에 자동차가 68대 있었습니다. 그중에서 24대가 주차장에서 나갔다면 주차장에 남은 자동차는 몇 대인가요?

식 ______________________ 답 __________

⑤ 세아네 반 학생은 모두 27명입니다. 아침 활동 시간에 교실에서 책을 읽는 학생은 몇 명인가요?

〈아침 활동〉

* 배구 연습 6명: 운동장에 모이기
* 나머지 학생: 교실에서 책 읽기

식 ______________________ 답 __________

6일 더 적은 수 구하기

이것만 알자 27개보다 14개 더 적게 ➔ 27 − 14

예 생선 가게에 고등어는 27마리 있고, 갈치는 고등어보다 14마리 더 적게 있습니다. 생선 가게에 있는 갈치는 몇 마리인가요?

(생선 가게에 있는 갈치의 수)
= (고등어의 수) − 14

식 27 − 14 = 13 답 13마리

1 해미네 가족이 텃밭에서 배추는 60포기 뽑았고, 상추는 배추보다 30포기 더 적게 뽑았습니다. 해미네 가족이 뽑은 상추는 몇 포기인가요?

식 60 − 30 = ☐ 답 ☐포기

뽑은 배추의 수

2 김밥 가게에서 오늘 참치김밥은 56줄 팔았고, 야채김밥은 참치김밥보다 35줄 더 적게 팔았습니다. 오늘 판 야채김밥은 몇 줄인가요?

식  답 ☐줄

왼쪽 ①, ②번과 같이 문제의 핵심 부분에 색칠하고,
계산해야 하는 두 수에 밑줄을 그어 문제를 풀어 보세요.

정답 8쪽

③ 위인전을 현석이는 33쪽 읽었고, 재민이는 현석이보다 3쪽 더 적게 읽었습니다. 재민이가 읽은 위인전은 몇 쪽인가요?

식 ________________ 답 ________

④ 유진이가 줄넘기를 어제는 90번 넘었고, 오늘은 어제보다 20번 더 적게 넘었습니다. 유진이가 오늘 넘은 줄넘기는 몇 번인가요?

식 ________________ 답 ________

⑤ 방과 후 수업에서 피아노를 배우는 학생은 75명이고, 축구를 배우는 학생은 피아노를 배우는 학생보다 21명 더 적습니다.
축구를 배우는 학생은 몇 명인가요?

식 ________________

답 ________

공부한 날짜 월 일

7일 두 수를 비교하여 차 구하기

이것만 알자

58개는 27개보다 몇 개 더 많은가?
→ 58 − 27

예 배가 58개, 참외가 27개 있습니다. 배는 참외보다 몇 개 더 많은가요?

(배의 수) − (참외의 수)

식 58 − 27 = 31

답 31개

‘~보다 몇 개 더 많은지(적은지)’를 구하려면 뺄셈식을 이용해요.

1 운동장에 남학생이 19명, 여학생이 16명 있습니다.
남학생은 여학생보다 몇 명 더 많은가요?

식 19 − 16 = □
(남학생 수, 여학생 수)

답 □명

2 옷 가게에 티셔츠는 70벌, 바지는 50벌 있습니다.
바지는 티셔츠보다 몇 벌 더 적은가요?

식 □ − □ = □

답 □벌

왼쪽 ①, ②번과 같이 문제의 핵심 부분에 색칠하고,
계산해야 하는 두 수에 밑줄을 그어 문제를 풀어 보세요.

정답 8쪽

3. 곤충 전시회에 어제는 80명, 오늘은 40명 방문했습니다.
어제는 오늘보다 몇 명 더 많이 방문했나요?

식 ______________________ 답 __________

4. 교실에 지우개가 37개, 가위가 5개 있습니다.
가위는 지우개보다 몇 개 더 적은가요?

식 ______________________ 답 __________

5. 머리핀을 현지는 28개, 지애는 23개 가지고 있습니다.
현지는 지애보다 머리핀을 몇 개 더 많이 가지고
있나요?

식 ______________________ 답 __________

7일 합 또는 차가 가장 큰(작은) 것 구하기

이것만 알자

합 또는 차가 가장 큰(작은) 것
➔ 각각의 합 또는 차를 구하여 크기 비교하기

예 합이 가장 큰 것에 ○표 하세요.

34+5	20+20	32+11
(　　)	(　　)	(○)

$$\begin{array}{r} 34 \\ +\ \ 5 \\ \hline 39 \end{array} \qquad \begin{array}{r} 20 \\ +20 \\ \hline 40 \end{array} \qquad \begin{array}{r} 32 \\ +11 \\ \hline 43 \end{array}$$

43 ● 가장 큰 수예요.

⇨ 합이 가장 큰 것은 32 + 11입니다.

1 합이 가장 큰 것에 ○표 하세요.

27+2	10+15	12+16
(　　)	(　　)	(　　)

2 차가 가장 작은 것에 ○표 하세요.

43−20	64−43	79−55
(　　)	(　　)	(　　)

왼쪽 ①, ②번과 같이 문제의 핵심 부분에 색칠하고,
문제를 풀어 보세요.

정답 9쪽

③ 합이 가장 큰 것에 ○표 하세요.

16+3	4+11	15+2
( )	( )	( )

④ 합이 가장 작은 것에 ○표 하세요.

70+10	44+43	65+14
( )	( )	( )

⑤ 차가 가장 큰 것에 ○표 하세요.

69−6	74−10	98−37
( )	( )	( )

공부한 날짜 월 일

8일 마무리하기

30쪽

1 지후는 친구들과 마시려고 생수는 12병, 주스는 5병 준비했습니다.
지후가 준비한 생수와 주스는 모두 몇 병인가요?

( )

34쪽

2 과일 가게에 수박이 28통 있었습니다. 그중에서 14통을 팔았다면
과일 가게에 남은 수박은 몇 통인가요?

( )

32쪽

3 색종이를 효주는 45장 가지고 있고, 진영이는 효주보다 24장 더 많이 가지고
있습니다. 진영이가 가지고 있는 색종이는 몇 장인가요?

( )

정답 9쪽

36쪽

4 민우가 수학 문제는 36개 풀었고, 국어 문제는 수학 문제보다 5개 더 적게 풀었습니다. 민우가 푼 국어 문제는 몇 개인가요?

( )

38쪽

5 소희네 학교 학생들이 현장 학습을 갔습니다.
직업 체험관에 간 학생은 90명, 식물원에 간 학생은 60명입니다.
직업 체험관에 간 학생은 식물원에 간 학생보다 몇 명 더 많은가요?

( )

6 40쪽

도전 문제

합이 큰 것부터 차례대로 기호를 써 보세요.

㉠ 30+50 ㉡ 2+86 ㉢ 31+53

❶ 합 → ㉠ ( ), ㉡ ( ), ㉢ ( )

❷ 합이 가장 큰 것의 기호 쓰기 → ( )

❸ 합이 가장 작은 것의 기호 쓰기 → ( )

❹ 합이 큰 것부터 차례대로 기호 쓰기 → ( )

3 여러 가지 모양

준비

기본 문제로
문장제 준비하기

9일차

- 가장 많은(적은) 모양 찾기
- 그려진 모양 찾기 /
  물감을 묻혀 찍을 때 나오는 모양 찾기

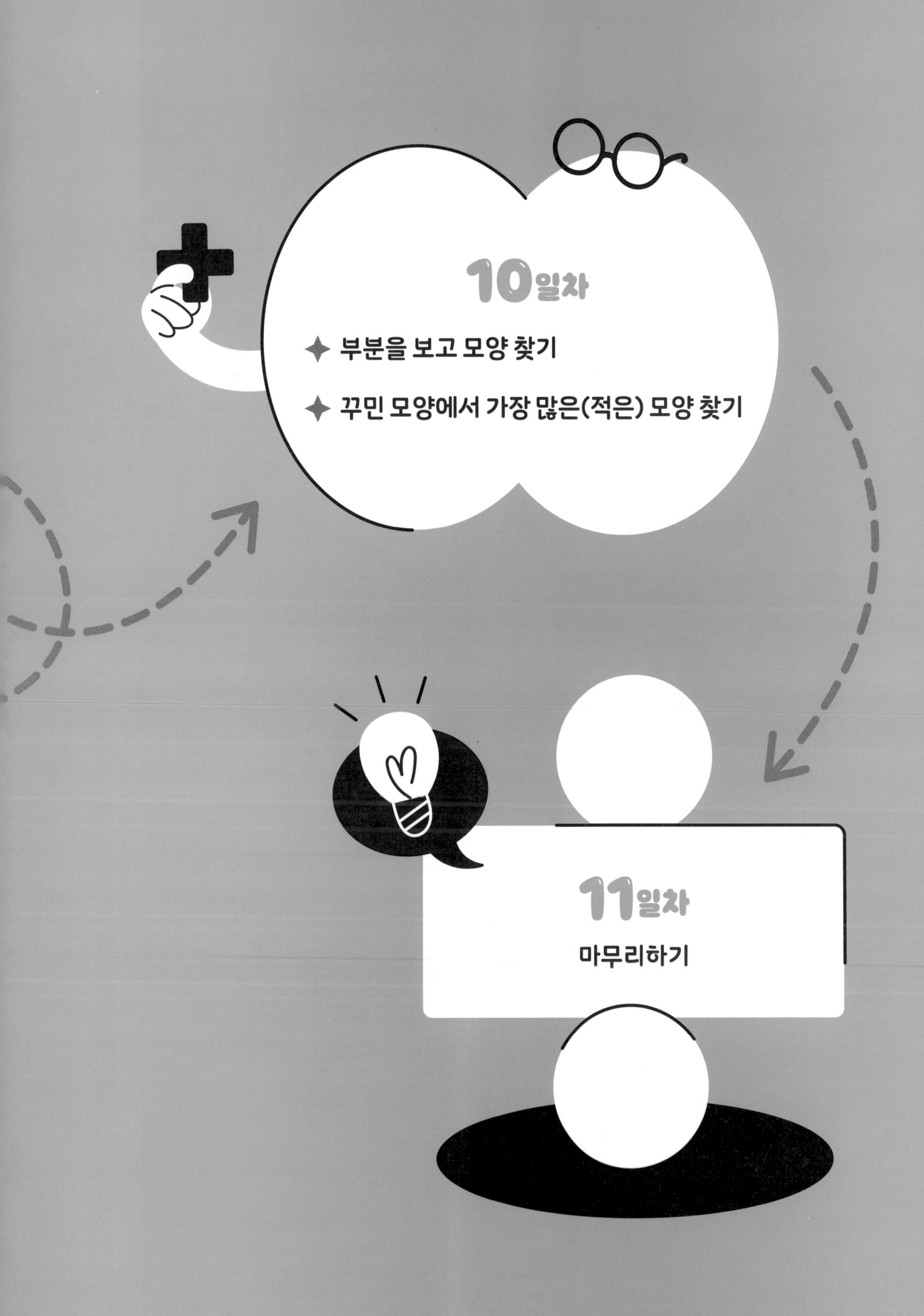
10일차
부분을 보고 모양 찾기
꾸민 모양에서 가장 많은(적은) 모양 찾기
11일차
마무리하기

준비 기본 문제로 문장제 준비하기

1 □ 모양의 물건을 모두 찾아 ○표 하세요.

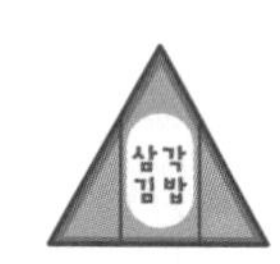

(　　　) (　　　) (　　　) (　　　)

2 △ 모양의 물건을 모두 찾아 ○표 하세요.

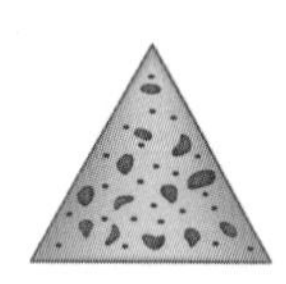

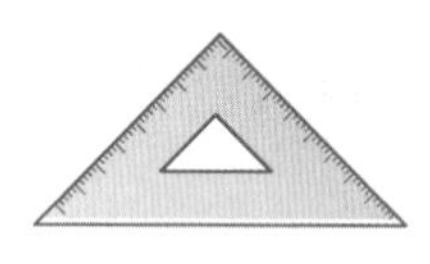

(　　　) (　　　) (　　　) (　　　)

3 ○ 모양의 물건을 모두 찾아 ○표 하세요.

(　　　) (　　　) (　　　) (　　　)

정답 10쪽

✦ 설명하는 모양을 찾아 ○표 하세요.

4 뾰족한 곳이 없습니다. ⇨ (□ , △ , ○)

5 뾰족한 곳이 3군데 있습니다. ⇨ (□ , △ , ○)

6 뾰족한 곳이 4군데 있습니다. ⇨ (□ , △ , ○)

7 그림에서 □, △, ○ 모양을 각각 몇 개 이용했는지 세어 보세요.

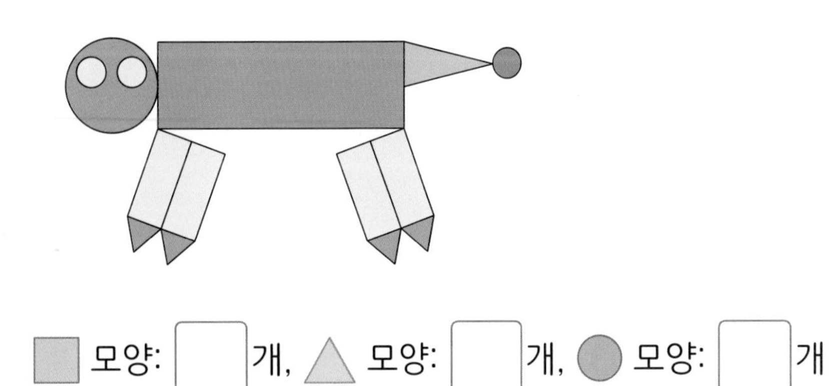

□ 모양: ☐개, △ 모양: ☐개, ○ 모양: ☐개

9일 가장 많은(적은) 모양 찾기

이것만 알자

가장 많은(적은) 모양은?
→ 각 모양의 개수가 가장 많은(적은) 것 구하기

예 가장 많은 모양을 찾아 ○표 하세요.

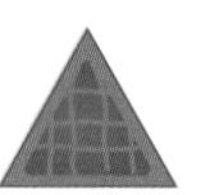

□ 모양: 3개, △ 모양: 1개, ○ 모양: 2개

⇨ 가장 많은 모양은 □ 모양입니다.

1 가장 많은 모양을 찾아 ○표 하세요.

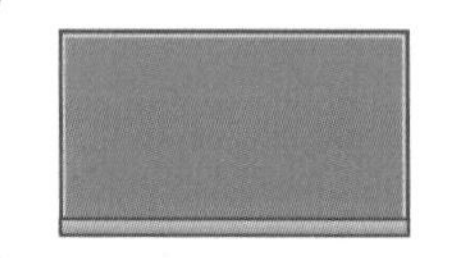

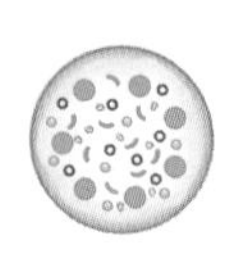

(□ , △ , ○)

2 가장 적은 모양을 찾아 ○표 하세요.

(□ , △ , ○)

왼쪽 ①, ②번과 같이 문제의 핵심 부분에 색칠하고,
문제를 풀어 보세요.

정답 10쪽

③ 가장 많은 모양을 찾아 ○표 하세요.

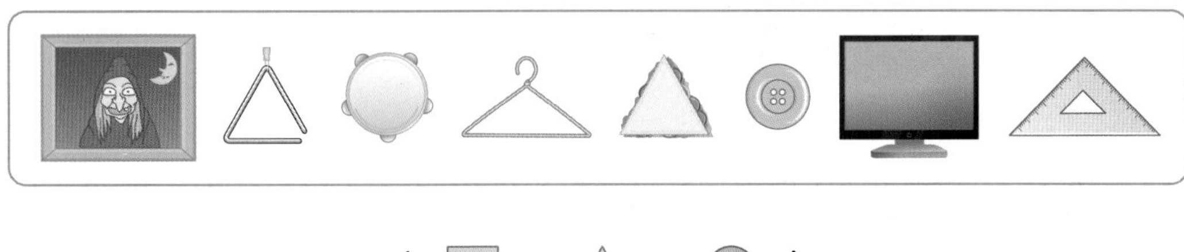

(□ , △ , ○)

④ 가장 적은 모양을 찾아 ○표 하세요.

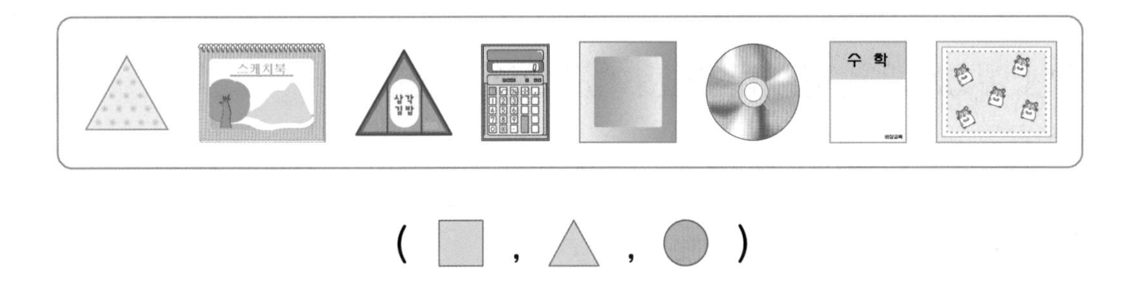

(□ , △ , ○)

⑤ 가장 많은 모양을 찾아 ○표 하세요.

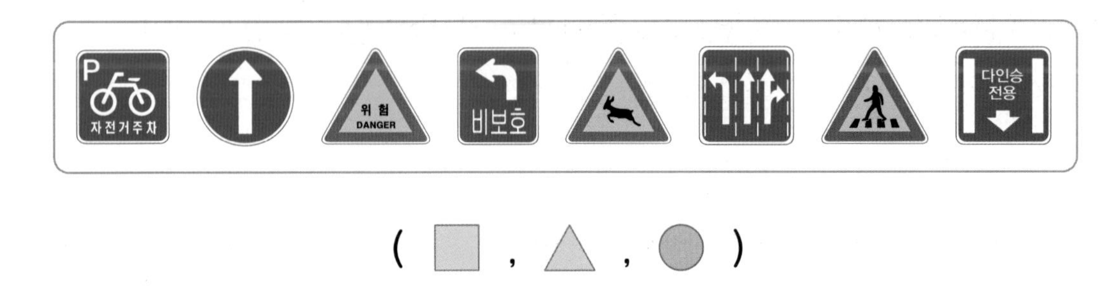

(□ , △ , ○)

9일

그려진 모양 찾기 / 물감을 묻혀 찍을 때 나오는 모양 찾기

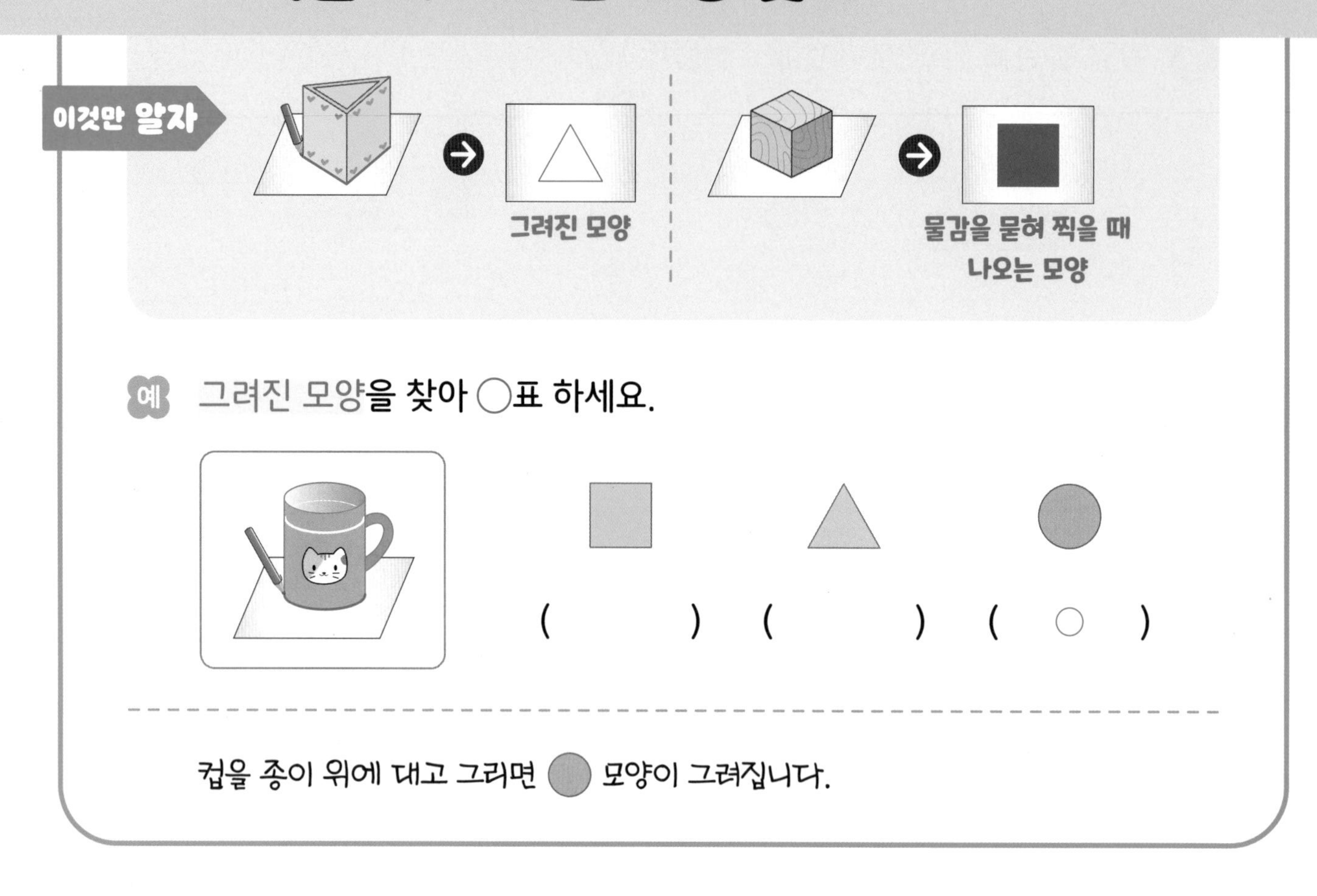

이것만 알자
그려진 모양
물감을 묻혀 찍을 때 나오는 모양
예 그려진 모양을 찾아 ◯표 하세요.
( ) ( ) (○)
컵을 종이 위에 대고 그리면 ● 모양이 그려집니다.

1 그려진 모양을 찾아 ◯표 하세요.

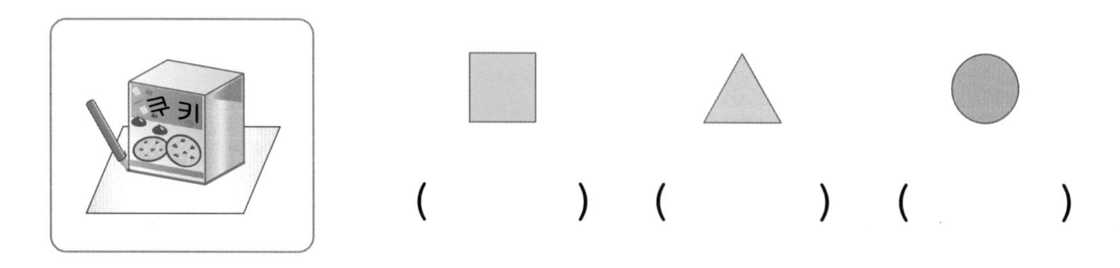

2 그려진 모양을 찾아 ◯표 하세요.

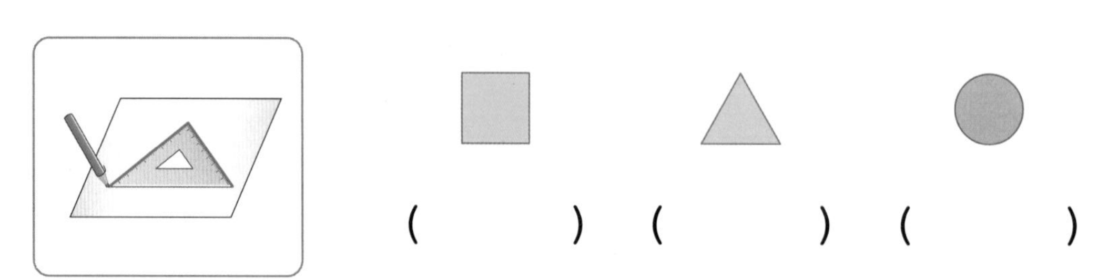

왼쪽 ①, ②번과 같이 문제의 핵심 부분에 색칠하고, 문제를 풀어 보세요.

정답 11쪽

③ 그림과 같이 통조림통에 물감을 묻혀 찍을 때 나오는 모양에 ○표 하세요.

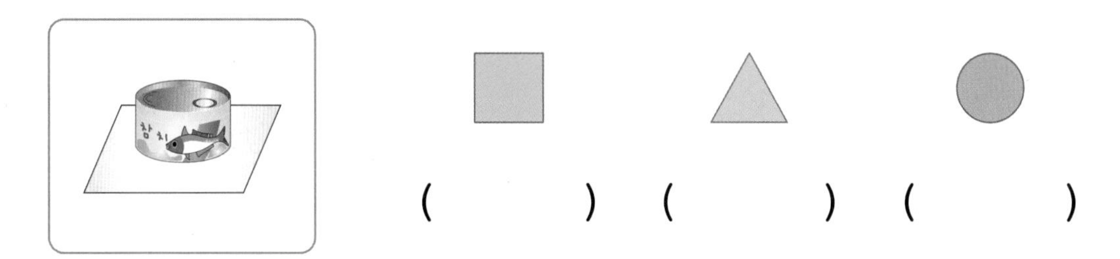

( ) ( ) ( )

④ 그림과 같이 필통에 물감을 묻혀 찍을 때 나오는 모양에 ○표 하세요.

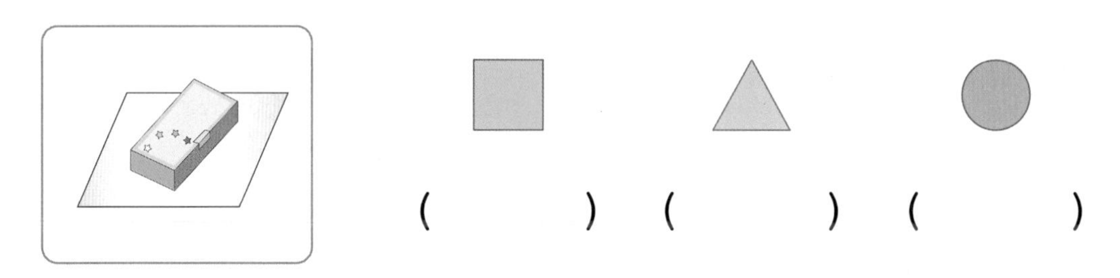

( ) ( ) ( )

⑤ 왼쪽 물건에 물감을 묻혀 찍을 때 나올 수 있는 모양을 모두 찾아 ○표 하세요.

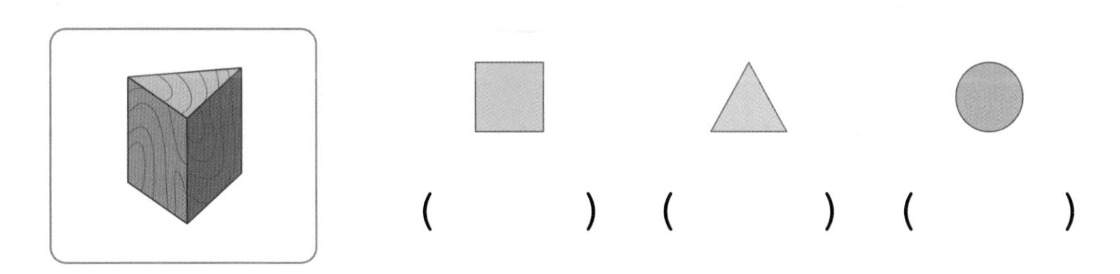

( ) ( ) ( )

10일 부분을 보고 모양 찾기

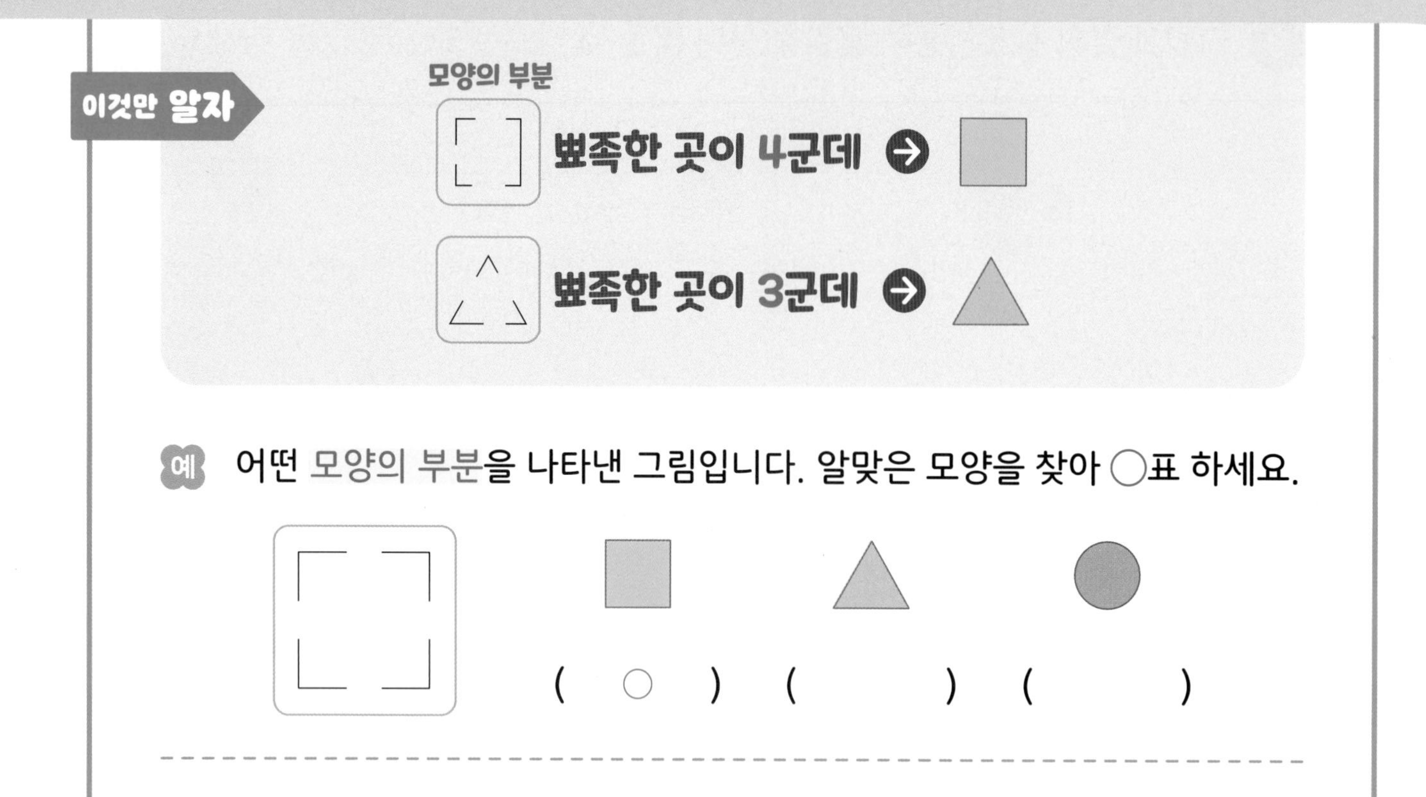
이것만 알자
모양의 부분
뾰족한 곳이 4군데
뾰족한 곳이 3군데
예 어떤 모양의 부분을 나타낸 그림입니다. 알맞은 모양을 찾아 ○표 하세요.
(○) ( ) ( )

뾰족한 곳이 4군데이므로 ■ 모양의 부분입니다.

1 어떤 모양의 부분을 나타낸 그림입니다. 알맞은 모양을 찾아 ○표 하세요.

( ) ( ) ( )

2 어떤 모양의 부분을 나타낸 그림입니다. 알맞은 모양을 찾아 ○표 하세요.

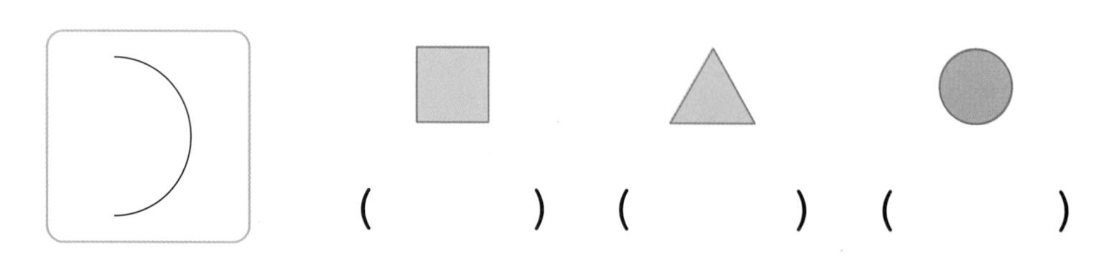

( ) ( ) ( )

왼쪽 ①, ②번과 같이 문제의 핵심 부분에 색칠하고,
문제를 풀어 보세요.

정답 11쪽

3 어떤 모양의 부분을 나타낸 그림입니다. 이 모양과 같은 모양의 물건을 찾아 ○표 하세요.

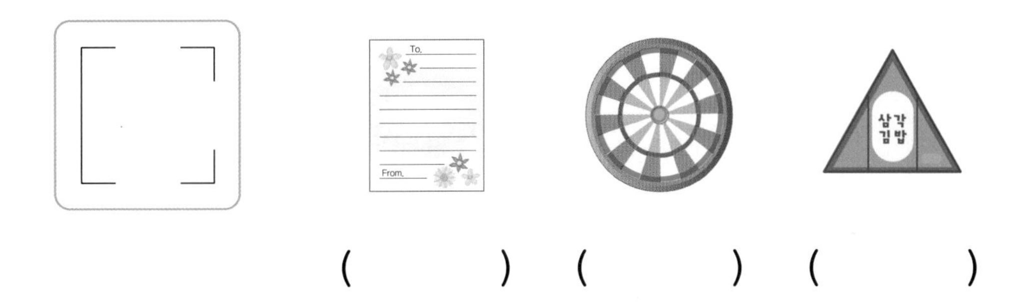

( ) ( ) ( )

4 어떤 모양의 부분을 나타낸 그림입니다. 이 모양과 같은 모양의 물건을 찾아 ○표 하세요.

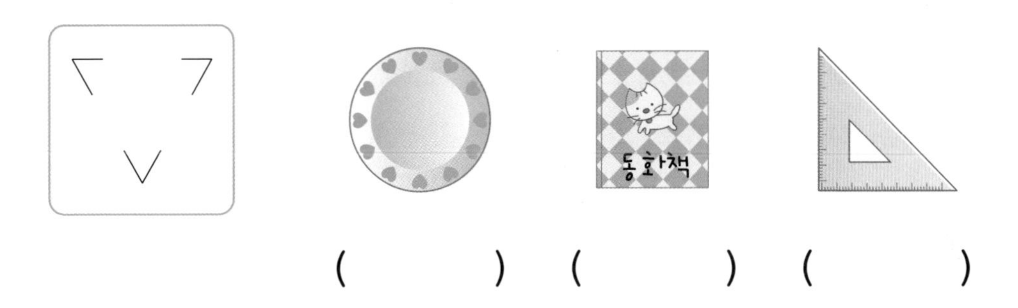

( ) ( ) ( )

5 어떤 모양의 부분을 나타낸 그림입니다. 이 모양과 같은 모양의 물건을 찾아 ○표 하세요.

( ) ( ) ( )

10일 꾸민 모양에서 가장 많은(적은) 모양 찾기

이것만 알자

가장 많은(적은) 모양은?

➔ 각 모양의 개수가 가장 많은(적은) 것 구하기

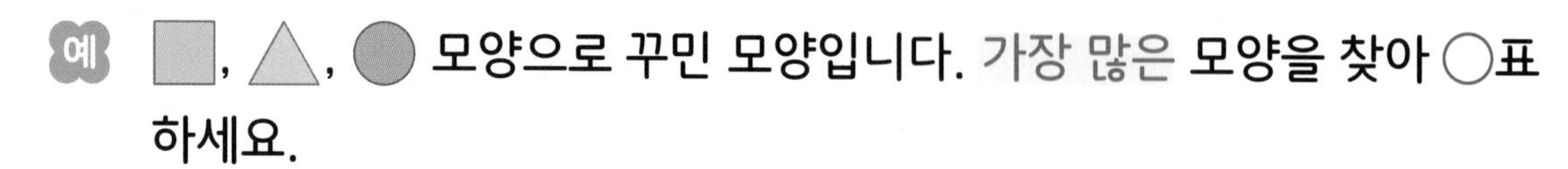

예 □, △, ○ 모양으로 꾸민 모양입니다. 가장 많은 모양을 찾아 ○표 하세요.

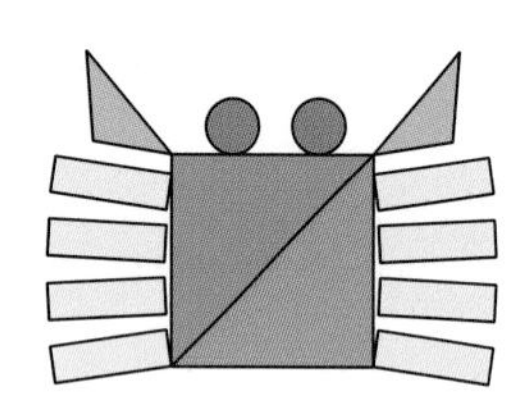

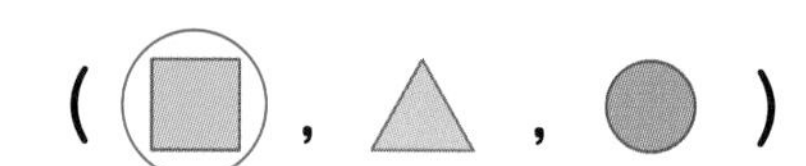

□ 모양: 8개, △ 모양: 4개, ○ 모양: 2개

⇨ 가장 많은 모양은 □ 모양입니다.

1 □, △, ○ 모양으로 꾸민 모양입니다. 가장 많은 모양을 찾아 ○표 하세요.

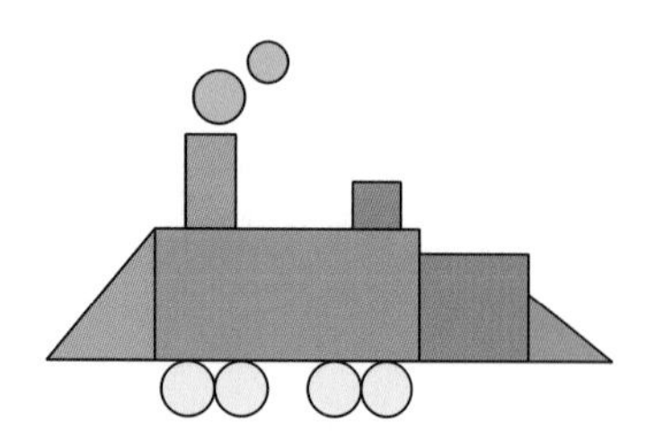

2 □, △, ○ 모양으로 꾸민 모양입니다. 가장 적은 모양을 찾아 ○표 하세요.

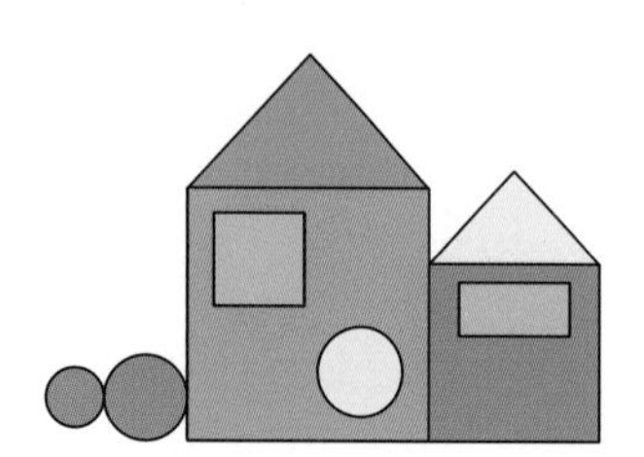

(□ , △ , ○)

왼쪽 ①, ②번과 같이 문제의 핵심 부분에 색칠하고,
문제를 풀어 보세요.

정답 12쪽

3 □, △, ○ 모양으로 꾸민 모양입니다. 가장 많은 모양을 찾아 ○표 하세요.

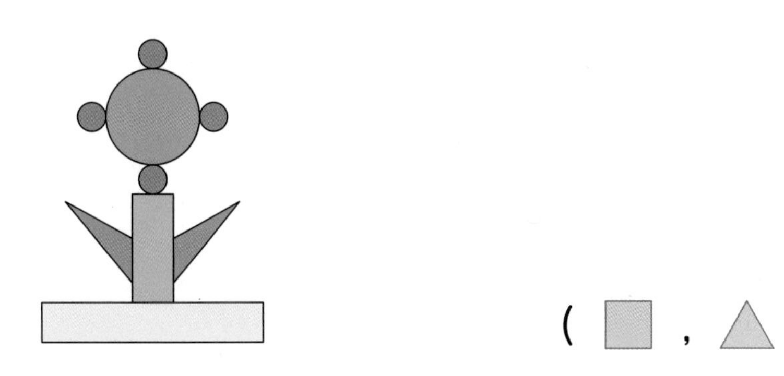

(□ , △ , ○)

4 □, △, ○ 모양으로 꾸민 모양입니다. 가장 적은 모양을 찾아 ○표 하세요.

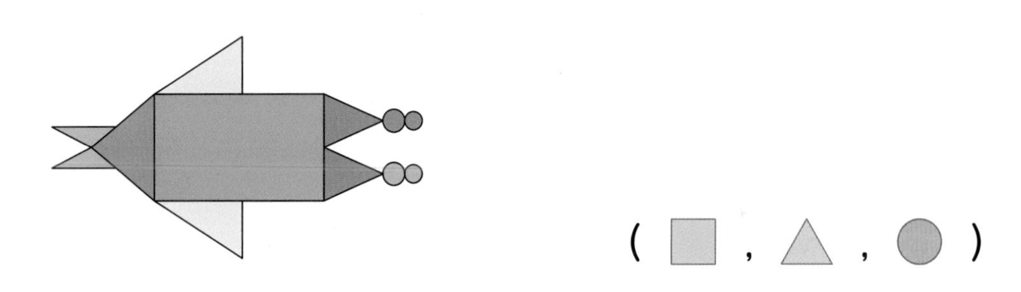

(□ , △ , ○)

5 □, △, ○ 모양으로 꾸민 모양입니다. 가장 많은 모양을 찾아 ○표 하세요.

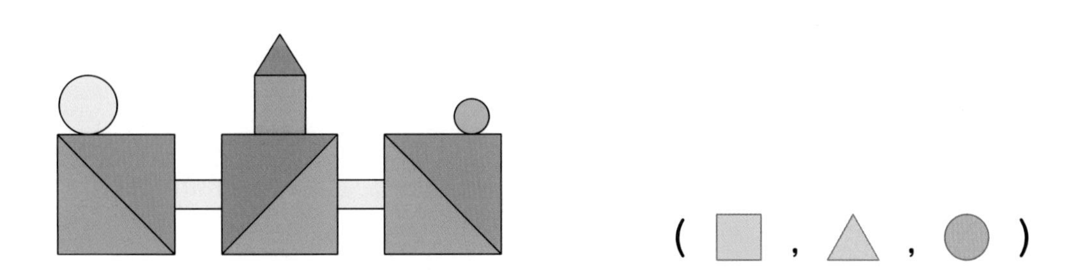

(□ , △ , ○)

11일 마무리하기

48쪽

1 가장 많은 모양을 찾아 ○표 하세요.

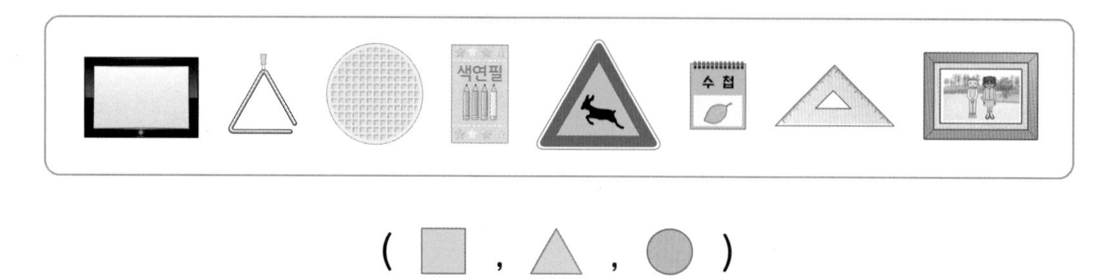

(□ , △ , ○)

50쪽

2 그려진 모양을 찾아 ○표 하세요.

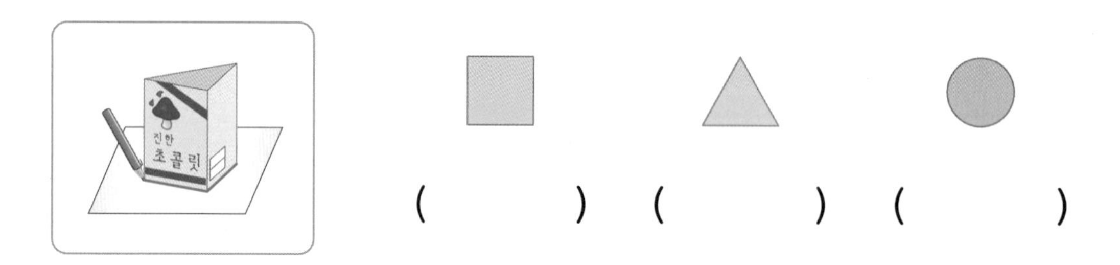

50쪽

3 왼쪽 물건에 물감을 묻혀 찍을 때 나올 수 있는 모양에 ○표 하세요.

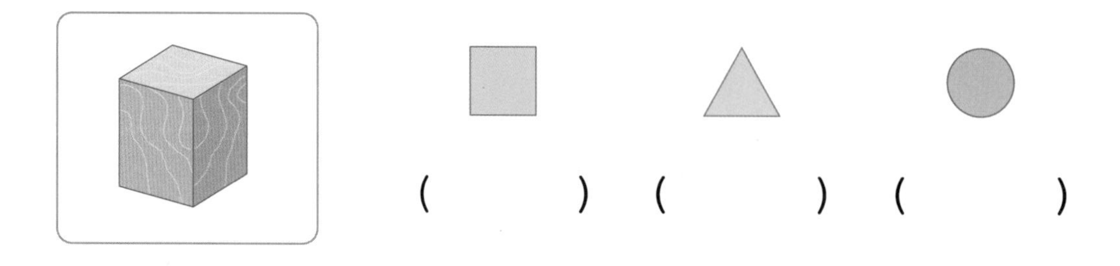

정답 12쪽

52쪽

[4~5] 어떤 모양의 부분을 나타낸 그림입니다. 알맞은 모양을 찾아 ○표 하세요.

4

( ) ( ) ( )

5

( ) ( ) ( )

6 54쪽

도전 문제

오른쪽은 ■, ▲, ● 모양으로 꾸민 모양입니다.
둘째로 적은 모양을 찾아 ○표 하세요.

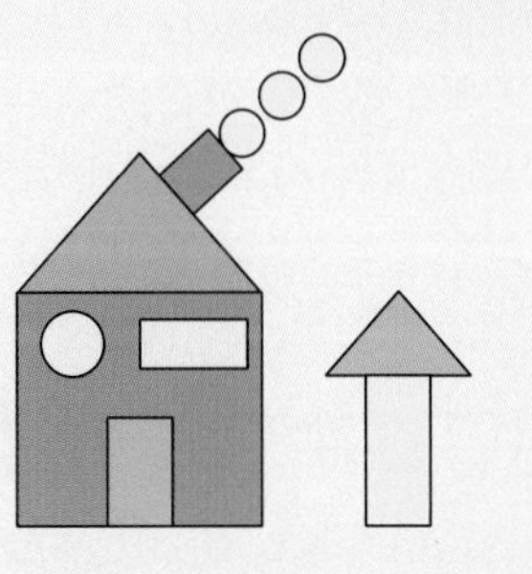

❶ 각 모양의 개수

→ ■ 모양: □개, ▲ 모양: □개, ● 모양: □개

❷ 위 ❶의 수 중 둘째로 작은 수 → ( )

❸ 둘째로 적은 모양에 ○표 하기 → (■ , ▲ , ●)

4 덧셈과 뺄셈(2)

준비

계산으로
문장제 준비하기

12일차

- 모두 몇인지 구하기 (1)
- 남은 수 구하기 (1)

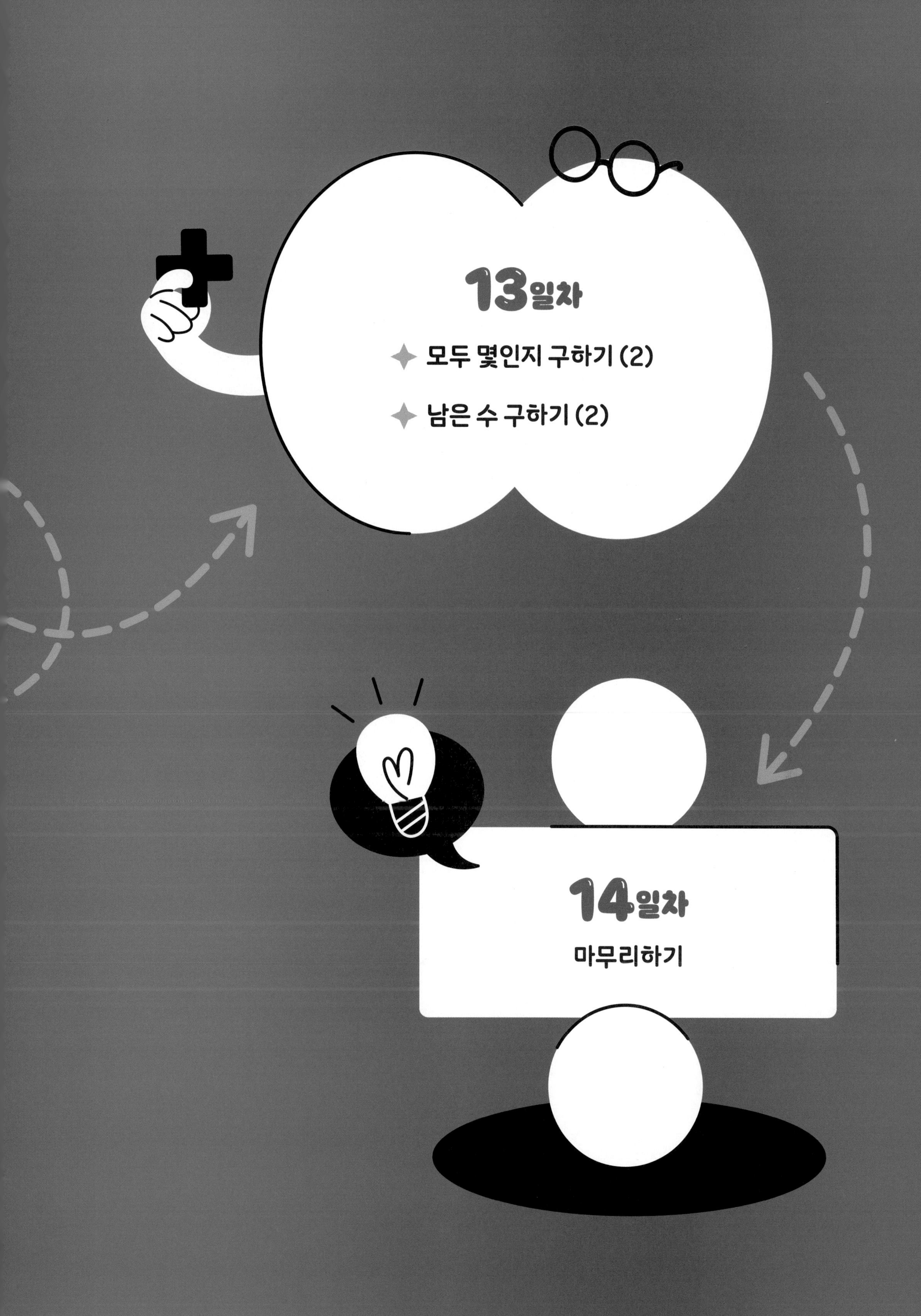
13일차
모두 몇인지 구하기 (2)
남은 수 구하기 (2)
14일차
마무리하기

준비
계산으로 문장제 준비하기

□ 안에 알맞은 수를 써넣으세요.

❶ $3+\boxed{7}=10$

3과 더해서 10이 되는 수를 알아봐요.

❷ $\square+4=10$

❸ $2+\square=10$

❹ $\square+1=10$

❺ $5+\square=10$

❻ $10-1=\boxed{9}$

○ 10개 중 1개를 빼면 ○가 몇 개 남는지 알아봐요.

❼ $10-7=\square$

❽ $10-6=\square$

❾ $10-5=\square$

❿ $10-2=\square$

정답 13쪽

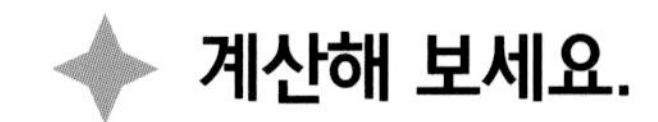

계산해 보세요.

⑪ $1+5+2=$

⑫ $3+2+4=$

⑬ $6+1+1=$

⑭ $7+3+2=$

⑮ $4+3+6=$

⑯ $7-2-1=$

⑰ $8-3-2=$

⑱ $9-5-3=$

⑲ $10-5-2=$

⑳ $10-2-3=$

공부한 날짜 월 일

12일 모두 몇인지 구하기(1)

이것만 알자 모두 몇 개 → 두 수를 더하기

예 수영이가 동화책을 어제는 7쪽 읽었고, 오늘은 3쪽 읽었습니다.
수영이가 어제와 오늘 읽은 동화책은 모두 몇 쪽인가요?

(어제와 오늘 읽은 동화책의 쪽수)
= (어제 읽은 동화책의 쪽수) + (오늘 읽은 동화책의 쪽수)

식 $7+3=10$ 답 10쪽

1 손가락을 진수가 4개 펼쳤고, 윤아가 6개 펼쳤습니다.
진수와 윤아가 펼친 손가락은 모두 몇 개인가요?

식 $4+6=\square$ 답 □개

진수가 펼친 손가락의 수 / 윤아가 펼친 손가락의 수

2 나뭇가지에 참새가 5마리 있었는데 5마리가 더 날아왔습니다.
지금 나뭇가지에 있는 참새는 모두 몇 마리인가요?

식 $\square+\square=\square$ 답 □마리

왼쪽 ①, ②번과 같이 문제의 핵심 부분에 색칠하고,
계산해야 하는 두 수에 밑줄을 그어 문제를 풀어 보세요.

정답 13쪽

③ 유주가 쿠키를 오전에 2개 먹었고, 오후에 8개 먹었습니다.
유주가 오전과 오후에 먹은 쿠키는 모두 몇 개인가요?

식 ______________________ 답 ____________

④ 놀이터에 어린이가 9명 있었는데 잠시 후 1명이 더 왔습니다.
지금 놀이터에 있는 어린이는 모두 몇 명인가요?

식 ______________________ 답 ____________

⑤ 고리 던지기 놀이를 하였습니다.
고리를 수아가 3개, 민석이가 7개를 걸었다면
수아와 민석이가 건 고리는 모두 몇 개인가요?

식 ______________________

답 ____________

12일 남은 수 구하기(1)

이것만 알자

~하고 남은 것은 몇 개
➔ (처음에 있던 수)−(없어진 수)

예 초콜릿이 10개 있었습니다. 그중에서 준기가 4개를 먹었다면 남은 초콜릿은 몇 개인가요?

(남은 초콜릿의 수)
= (처음에 있던 초콜릿의 수) − (먹은 초콜릿의 수)

식 $10-4=6$ 답 6개

1 색종이가 10장 있었습니다. 그중에서 현지가 5장을 사용했다면 남은 색종이는 몇 장인가요?

식 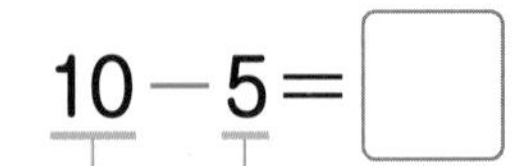
$10-5=\square$

처음에 있던 색종이의 수 · 사용한 색종이의 수

답 $\square$장

2 학급 문고에 동화책이 10권 있었습니다. 그중에서 학생들이 8권을 빌려갔다면 남은 동화책은 몇 권인가요?

식 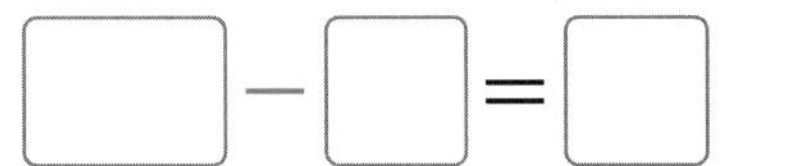
$\square-\square=\square$

답 $\square$권

왼쪽 ①, ②번과 같이 문제의 핵심 부분에 색칠하고,
계산해야 하는 두 수에 밑줄을 그어 문제를 풀어 보세요.

정답 14쪽

③ 지은이에게 풍선이 10개 있었습니다. 그중에서 1개가 터졌다면
남은 풍선은 몇 개인가요?

식 ______________________ 답 ____________

④ 교실에 학생이 10명 있었습니다. 그중에서 3명이 교실 밖으로 나갔다면
교실에 남은 학생은 몇 명인가요?

식 ______________________ 답 ____________

⑤ 정희는 카네이션을 10송이 가지고 있었습니다.
그중에서 2송이를 부모님께 드렸다면
남은 카네이션은 몇 송이인가요?

식 ______________________

답 ____________

13일 모두 몇인지 구하기(2)

이것만 알자

모두 몇 개 → 세 수를 더하기

예 교실에 책 읽는 학생이 3명, 그림 그리는 학생이 2명, 대화하는 학생이 3명 있습니다. 교실에 있는 학생은 모두 몇 명인가요?

(교실에 있는 학생 수)
= (책 읽는 학생 수) + (그림 그리는 학생 수) + (대화하는 학생 수)

식 $3+2+3=8$ 답 8명

1 목장에 양이 2마리, 소가 4마리, 오리가 1마리 있습니다.
목장에 있는 동물은 모두 몇 마리인가요?

식 $2+4+1=\square$ 답 □마리

양의 수, 소의 수, 오리의 수

2 블록을 현우가 5개, 하영이가 1개, 연미가 2개 쌓았습니다.
세 사람이 쌓은 블록은 모두 몇 개인가요?

식 $\square+\square+\square=\square$ 답 □개

왼쪽 ①, ②번과 같이 문제의 핵심 부분에 색칠하고,
계산해야 하는 세 수에 밑줄을 그어 문제를 풀어 보세요.

정답 14쪽

③ 정연이가 과수원에서 사과를 땄습니다. 첫째 날에는 4개, 둘째 날에는 3개, 셋째 날에는 2개를 땄다면 정연이가 딴 사과는 모두 몇 개인가요?

식 ______________________ 답 __________

④ 어머니가 시장에서 고등어 9마리, 꽁치 5마리, 갈치 1마리를 사 오셨습니다. 어머니가 사 오신 생선은 모두 몇 마리인가요?

식 ______________________ 답 __________

⑤ 윤석, 미주, 동우가 제기차기를 하고 있습니다. 윤석이가 6번, 미주가 4번, 동우가 7번 찼다면 세 사람이 찬 제기차기의 횟수는 모두 몇 번인가요?

식 ______________________

답 __________

13일 남은 수 구하기(2)

이것만 알자

~하고 남은 것은 몇 개

➔ (처음에 있던 수)−(없어진 수)−(없어진 수)

예 곶감이 8개 있었습니다. 주희가 3개, 동생이 2개를 먹었다면 남은 곶감은 몇 개인가요?

(남은 곶감의 수)

=(처음에 있던 곶감의 수)−(주희가 먹은 곶감의 수)−(동생이 먹은 곶감의 수)

식 $8-3-2=3$　　답 3개

1 민지는 양말을 7켤레 가지고 있었습니다. 그중에서 세호에게 2켤레, 희수에게 2켤레를 주었다면 남은 양말은 몇 켤레인가요?

민지가 가지고 있던 양말의 수

식 $7-2-2=\square$　　답 □켤레

세호에게 준 양말의 수　희수에게 준 양말의 수

2 버스에 9명이 타고 있었습니다. 첫 번째 정류장에서 1명이 내리고 두 번째 정류장에서 6명이 내렸습니다. 버스에 남은 사람은 몇 명인가요?

식 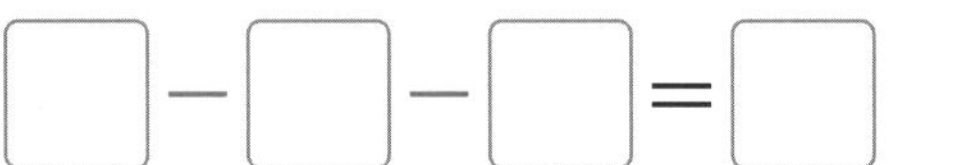　　답 □명

왼쪽 ①, ②번과 같이 문제의 핵심 부분에 색칠하고,
계산해야 하는 세 수에 밑줄을 그어 문제를 풀어 보세요.

정답 15쪽

③ 대호가 음악 소리의 크기를 9칸에서 4칸을 줄이고 다시 1칸을 줄였습니다. 남은 음악 소리의 크기는 몇 칸인가요?

식 ______________________

답 ____________

④ 연못 안에 개구리가 10마리 있었습니다. 잠시 후 3마리가 연못 밖으로 나가고 다시 4마리가 나갔습니다. 연못 안에 남은 개구리는 몇 마리인가요?

식 ______________________ 답 ____________

⑤ 달걀이 10개 있었습니다. 그중에서 달걀프라이를 하는 데 2개, 달걀찜을 하는 데 6개를 사용했습니다. 남은 달걀은 몇 개인가요?

식 ______________________ 답 ____________

14일 마무리하기

62쪽

1 냉장고에 딸기 우유가 7개, 바나나 우유가 3개 있습니다.
냉장고에 있는 우유는 모두 몇 개인가요?

( )

64쪽

2 철사가 10조각 있었습니다. 그중에서 4조각을 사용했다면
남은 철사는 몇 조각인가요?

( )

66쪽

3 필통에 빨간색 색연필이 2자루, 파란색 색연필이 4자루, 노란색 색연필이
3자루 있습니다. 필통에 있는 색연필은 모두 몇 자루인가요?

( )

68쪽

4 요구르트가 7병 있었습니다. 주아가 2병, 민철이가 1병 먹었다면
남은 요구르트는 몇 병인가요?

( )

정답 15쪽

68쪽

5 현주가 징검다리를 건너고 있습니다. 돌 10개 중에서 2개를 건너고 다시 3개를 건넜다면 남은 돌은 몇 개인가요?

( )

6 66쪽

도전 문제

축구 경기에서 몇 골을 넣었는지 나타낸 것입니다.
1반이 넣은 골은 모두 몇 골인지 구해 보세요.

❶ 1반이 넣은 골의 수를 차례대로 쓰기 → ☐골, ☐골, ☐골

❷ 1반이 넣은 골은 모두 몇 골인지 구하는 식 쓰기

→ 식 ______

❸ 1반이 넣은 골은 모두 몇 골인지 구하기 → ( )

5 시계 보기와 규칙 찾기

준비

기본 문제로
문장제 준비하기

15일차

- 시각을 시계에 나타내기
- 시각 알아보기

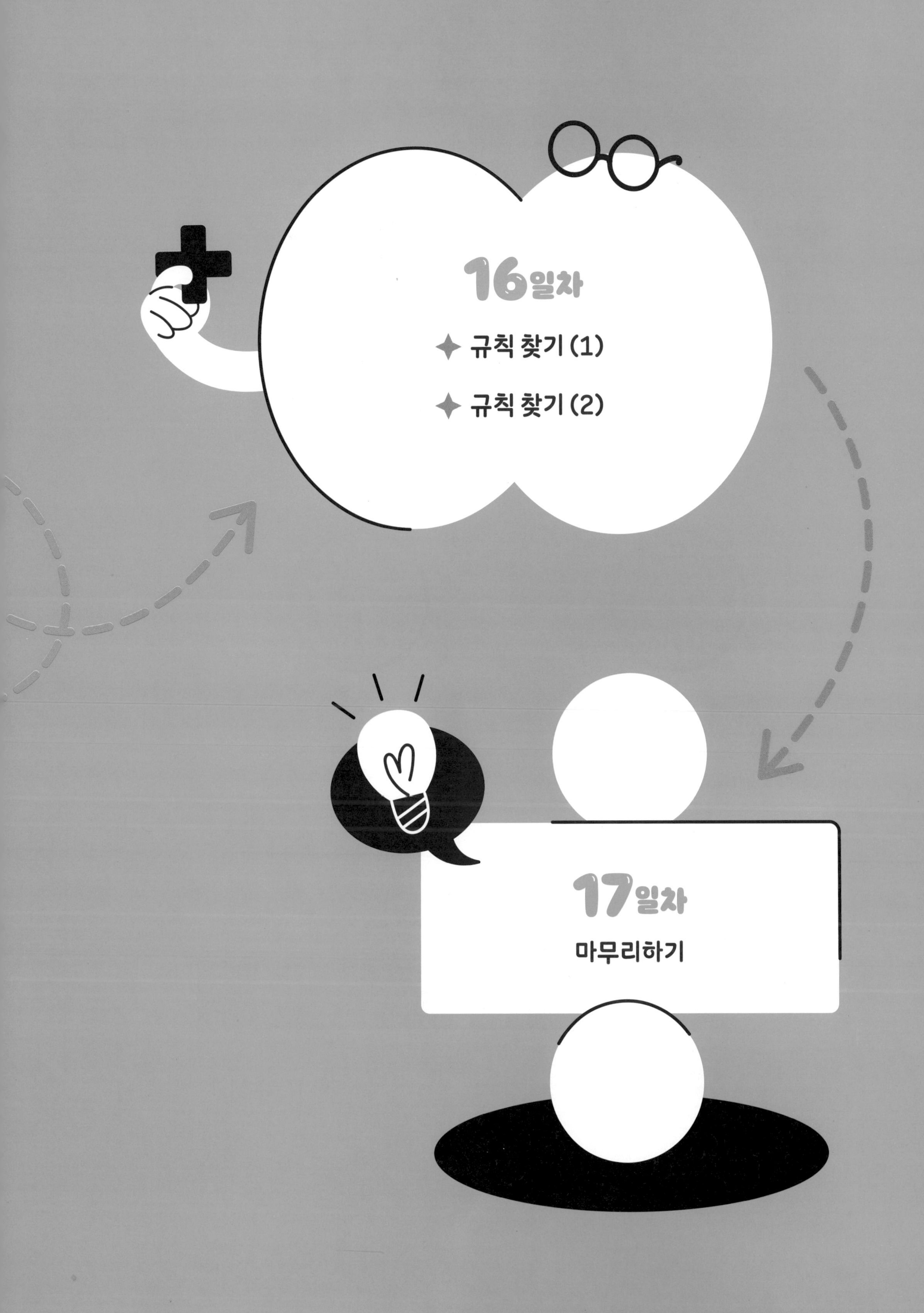
16일차
✦ 규칙 찾기 (1)
✦ 규칙 찾기 (2)
17일차
마무리하기

기본 문제로 문장제 준비하기

1 시각을 써 보세요.

(1)

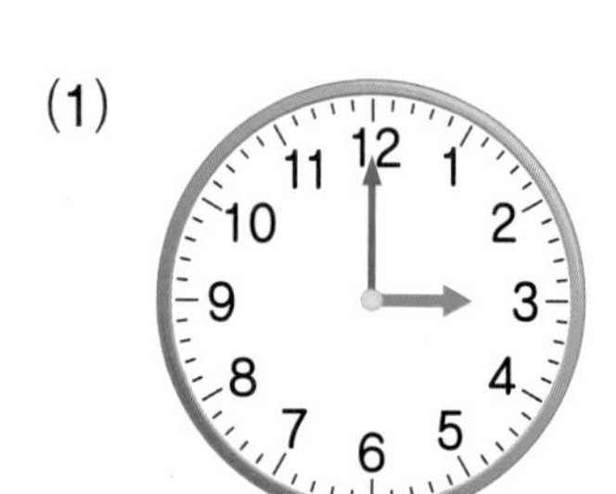

☐시

(2)

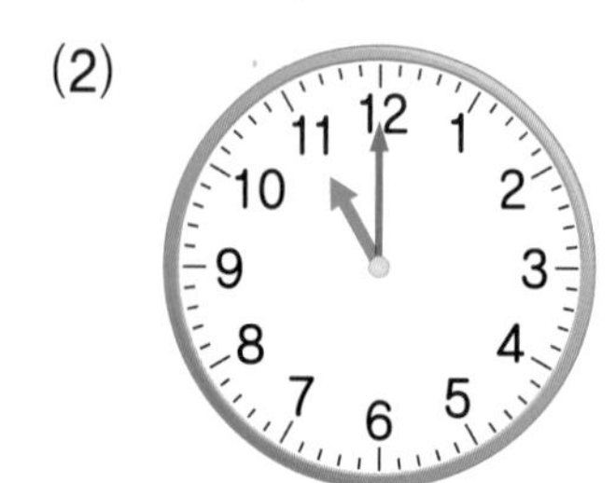

☐시

(3)

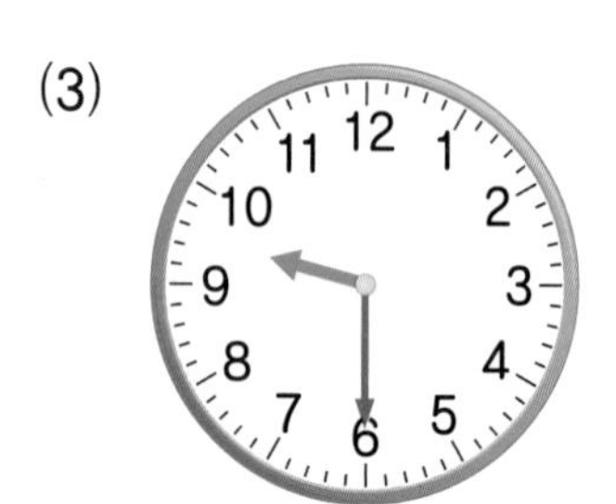

☐시 ☐분

(4)

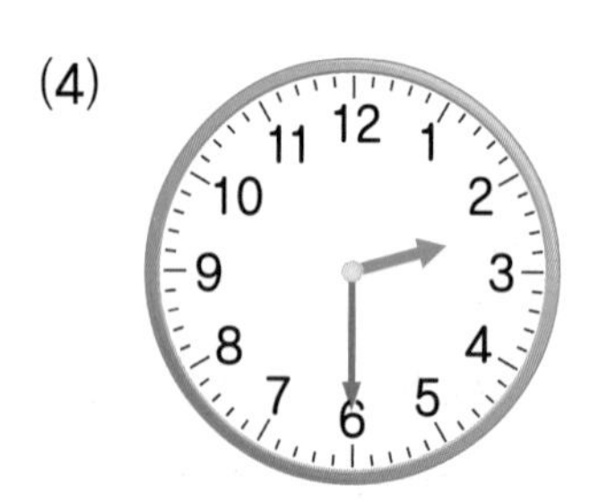

☐시 ☐분

2 규칙을 찾아 ☐ 안에 알맞은 말을 써넣으세요.

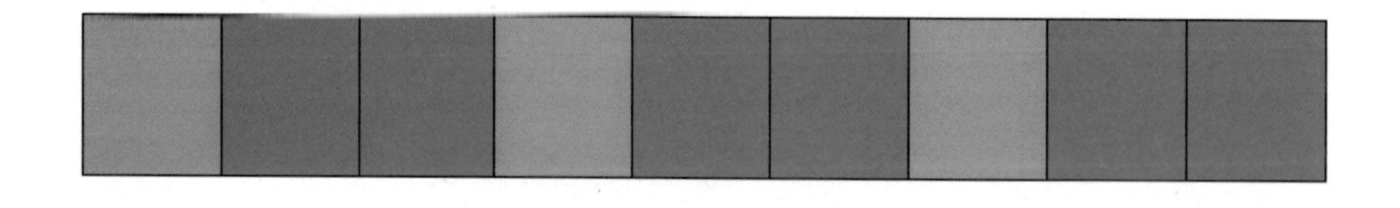

규칙 분홍색 — 파란색 — ☐이 반복됩니다.

정답 16쪽

3 수 배열에서 규칙을 찾아 □ 안에 알맞은 수를 써넣고, 빈칸에 알맞은 수를 써넣으세요.

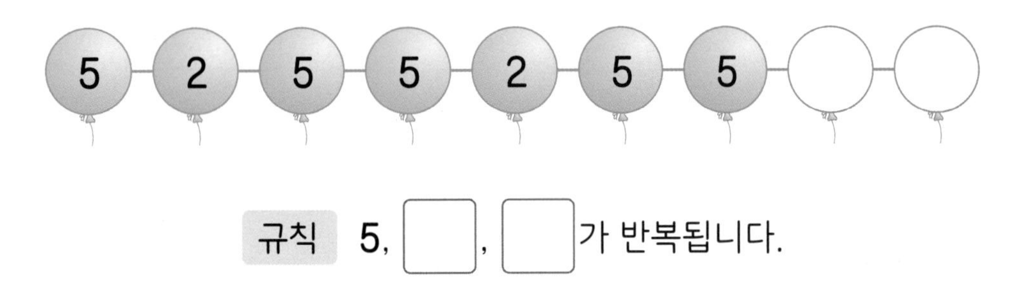

규칙 5, □, □가 반복됩니다.

✦ 수 배열표를 보고 물음에 답하세요.

1	2	3	4	5	6	7	8	9	10
11	12	13	14	15	16	17	18	19	20
21	22	23	24	25	26	27	28	29	30
31	32	33	34	35	36	37	38	39	40

4 •••••에 있는 수에는 어떤 규칙이 있는지 찾아보세요.

규칙 21부터 시작하여 오른쪽으로 1칸 갈 때마다 □씩 커집니다.

5 •••••에 있는 수에는 어떤 규칙이 있는지 찾아보세요.

규칙 6부터 시작하여 아래쪽으로 1칸 갈 때마다 □씩 커집니다.

공부한 날짜 월 일

15일 시각을 시계에 나타내기

이것만 알자

8시 30분 ➔ 짧은바늘이 8과 9 사이, 긴바늘이 6을 가리키도록 그립니다.

예 도영이는 8시 30분에 학교에 도착하였습니다.
도영이가 학교에 도착한 시각을 시계에 나타내어 보세요.

8시 30분은 짧은바늘이 8과 9 사이, 긴바늘이 6을 가리키도록 그립니다.

1 민주는 9시에 놀이공원에 도착하였습니다.
민주가 놀이공원에 도착한 시각을 시계에 나타내어 보세요.

2 경석이는 10시 30분에 만화 영화를 보았습니다.
경석이가 만화 영화를 본 시각을 시계에 나타내어 보세요.

왼쪽 ①, ②번과 같이 문제의 핵심 부분에 색칠하고, 문제를 풀어 보세요.

정답 16쪽

3 윤우는 2시에 친구들과 축구를 하였습니다.
윤우가 축구를 한 시각을 시계에 나타내어 보세요.

4 진희는 6시에 할머니 댁에 갔습니다.
진희가 할머니 댁에 간 시각을 시계에 나타내어 보세요.

5 영규는 4시 30분에 어머니와 함께 시장에 갔습니다.
영규가 시장에 간 시각을 시계에 나타내어 보세요.

6 소율이는 12시 30분에 점심 식사를 하였습니다.
소율이가 점심 식사를 한 시각을 시계에 나타내어 보세요.

15일 시각 알아보기

이것만 알자

시계의 긴바늘이 12를 가리킵니다. ➔ ~시
시계의 긴바늘이 6을 가리킵니다. ➔ ~시 30분

예 시계의 짧은바늘이 4와 5 사이를 가리키고, 긴바늘이 6을 가리키고 있습니다. 몇 시 몇 분인가요?

짧은바늘이 4와 5 사이 ⇨ 4시 ~분
긴바늘이 6 ⇨ 30분
따라서 4시 30분입니다.

답 4시 30분

1 시계의 짧은바늘이 1을 가리키고, 긴바늘이 12를 가리키고 있습니다. 몇 시인가요?

( )

2 시계의 짧은바늘이 7과 8 사이를 가리키고, 긴바늘이 6을 가리키고 있습니다. 몇 시 몇 분인가요?

( )

왼쪽 ①, ②번과 같이 문제의 핵심 부분에 색칠하고, 문제를 풀어 보세요.

정답 17쪽

③ 시계의 짧은바늘이 10을 가리키고, 긴바늘이 12를 가리키고 있습니다. 몇 시인가요?

( )

④ 시계의 짧은바늘이 5를 가리키고, 긴바늘이 12를 가리키고 있습니다. 몇 시인가요?

( )

⑤ 시계의 짧은바늘이 11과 12 사이를 가리키고, 긴바늘이 6을 가리키고 있습니다. 몇 시 몇 분인가요?

( )

⑥ 시계의 짧은바늘이 2와 3 사이를 가리키고, 긴바늘이 6을 가리키고 있습니다. 몇 시 몇 분인가요?

( )

16일 규칙 찾기(1)

이것만 알자 규칙에 따라 → 반복되는 규칙 찾기

예 규칙에 따라 빈칸에 알맞은 수를 써넣으세요.

강아지 고양이

강아지	고양이	강아지	고양이	강아지	고양이	강아지	고양이	강아지
1	2	1	2	1	2	1	2	1

규칙 강아지 - 고양이가 반복되므로 강아지를 1, 고양이를 2로 나타내면 1 - 2가 반복됩니다.

⇨ 규칙에 따라 빈칸에 1, 2, 1을 차례대로 써넣습니다.

1 규칙에 따라 빈칸에 알맞은 수를 써넣으세요.

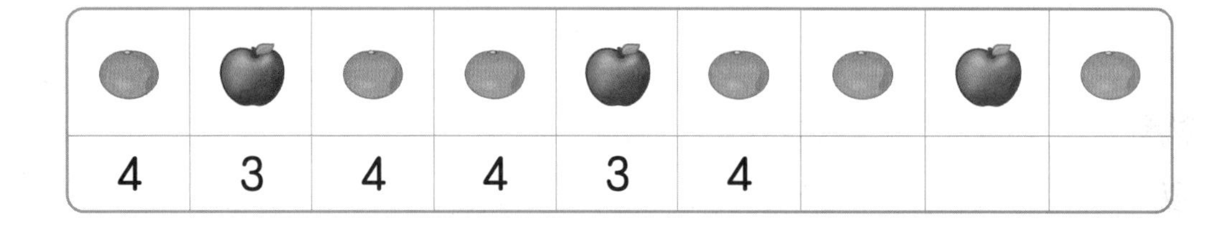

4	3	4	4	3	4			

2 규칙에 따라 빈칸에 알맞은 모양을 그려 넣으세요.

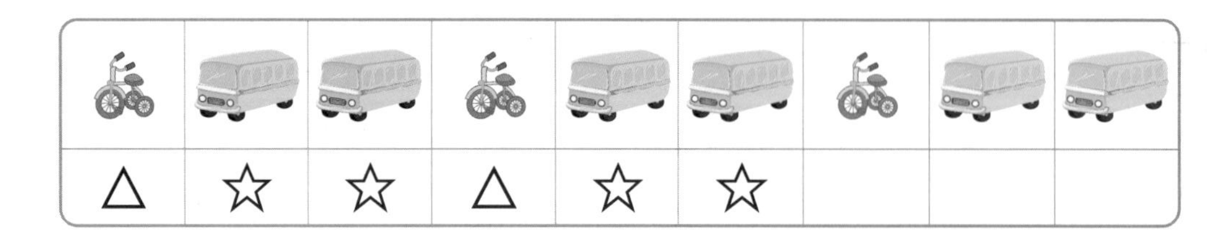

△	☆	☆	△	☆	☆			

왼쪽 1, 2번과 같이 문제의 핵심 부분에 색칠하고,
문제를 풀어 보세요.

정답 17쪽

3 규칙에 따라 빈칸에 알맞은 학용품의 이름을 써넣으세요.

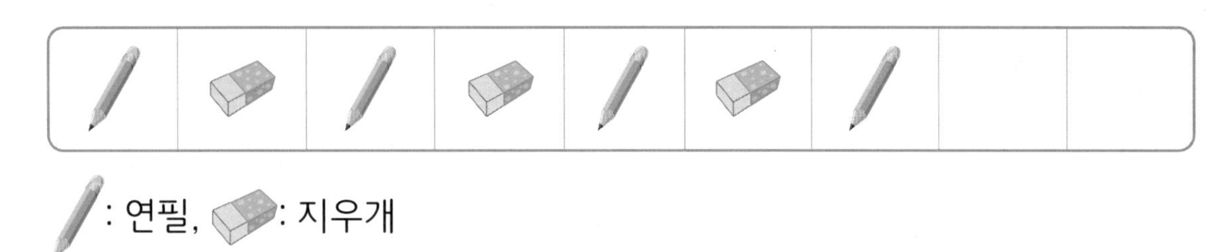

: 연필, : 지우개

4 규칙에 따라 빈칸에 알맞은 수를 써넣으세요.

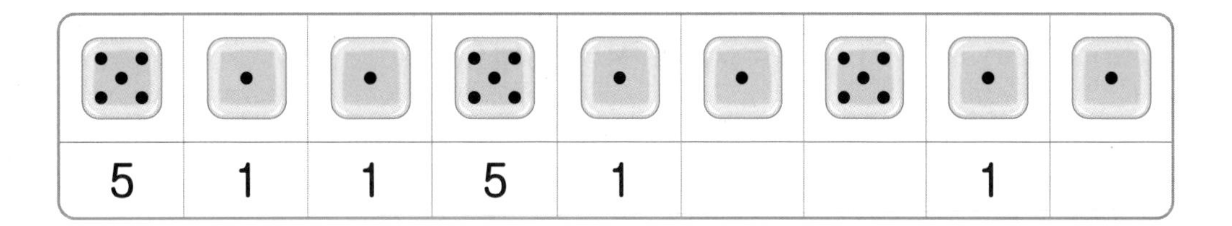

5	1	1	5	1			1	

5 규칙에 따라 색칠해 보세요.

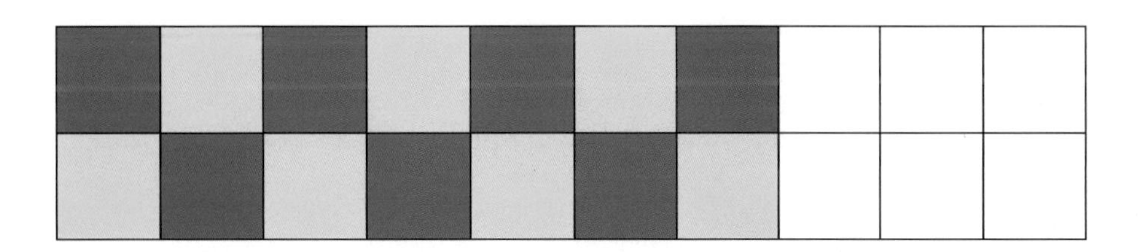

16일 규칙 찾기(2)

이것만 알자

(수 배열에서) 규칙을 찾아

➔ 반복되는 규칙 찾기, 수가 커지는(작아지는) 규칙 찾기

예 규칙을 찾아 빈칸에 알맞은 수를 써넣으세요.

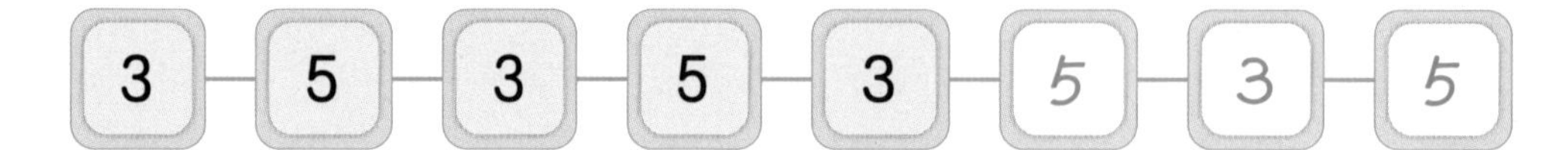

규칙 3 - 5가 반복됩니다.

⇨ 규칙에 따라 빈칸에 5, 3, 5를 차례대로 써넣습니다.

1 규칙을 찾아 빈칸에 알맞은 수를 써넣으세요.

2 규칙을 찾아 빈칸에 알맞은 수를 써넣으세요.

왼쪽 ①, ②번과 같이 문제의 핵심 부분에 색칠하고,
문제를 풀어 보세요.

정답 18쪽

③ 규칙을 찾아 색칠해 보세요.

1	2	3	4	5	6	7	8	9	10
11	12	13	14	15	16	17	18	19	20
21	22	23	24	25	26	27	28	29	30

④ 규칙을 찾아 색칠해 보세요.

61	62	63	64	65	66	67	68	69	70
71	72	73	74	75	76	77	78	79	80
81	82	83	84	85	86	87	88	89	90
91	92	93	94	95	96	97	98	99	100

⑤ 규칙을 찾아 색칠해 보세요.

31	32	33	34	35	36	37	38	39	40
41	42	43	44	45	46	47	48	49	50
51	52	53	54	55	56	57	58	59	60
61	62	63	64	65	66	67	68	69	70

17일 마무리하기

76쪽

1 재하는 4시에 수영장에 도착하여 5시 30분에 수영장에서 나왔습니다. 재하가 수영장에 도착한 시각과 수영장에서 나온 시각을 시계에 각각 나타내어 보세요.

수영장에 도착한 시각

수영장에서 나온 시각

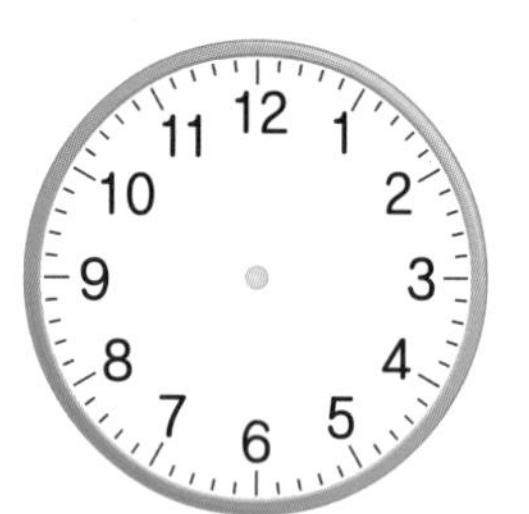

78쪽

2 시계의 짧은바늘과 긴바늘이 모두 12를 가리키고 있습니다. 몇 시인가요?

( )

78쪽

3 시계의 짧은바늘이 3과 4 사이를 가리키고, 긴바늘이 6을 가리키고 있습니다. 몇 시 몇 분인가요?

( )

정답 18쪽

80쪽

4 규칙에 따라 빈칸에 알맞은 수를 써넣으세요.

●	●	◆	●	●	◆	●	●	◆
7	7	3	7	7			7	

82쪽

5 규칙을 찾아 색칠해 보세요.

51	52	53	54	55	56	57	58	59	60
61	62	63	64	65	66	67	68	69	70
71	72	73	74	75	76	77	78	79	80

6 82쪽 도전 문제

규칙을 찾아 ㉠과 ㉡에 들어갈 수의 합을 구해 보세요.

1 - 4 - 2 - 1 - 4 - 2 - ㉠ - 4 - ㉡

❶ 규칙 찾기 → □ - □ - □ 이/가 반복됩니다.

❷ ㉠과 ㉡에 들어갈 수 → ㉠: □, ㉡: □

❸ ㉠과 ㉡에 들어갈 수의 합 → (　　　)

6 덧셈과 뺄셈(3)

준비

계산으로
문장제 준비하기

18일차

- 모두 몇인지 구하기
- 더 넣은 후의 수 구하기

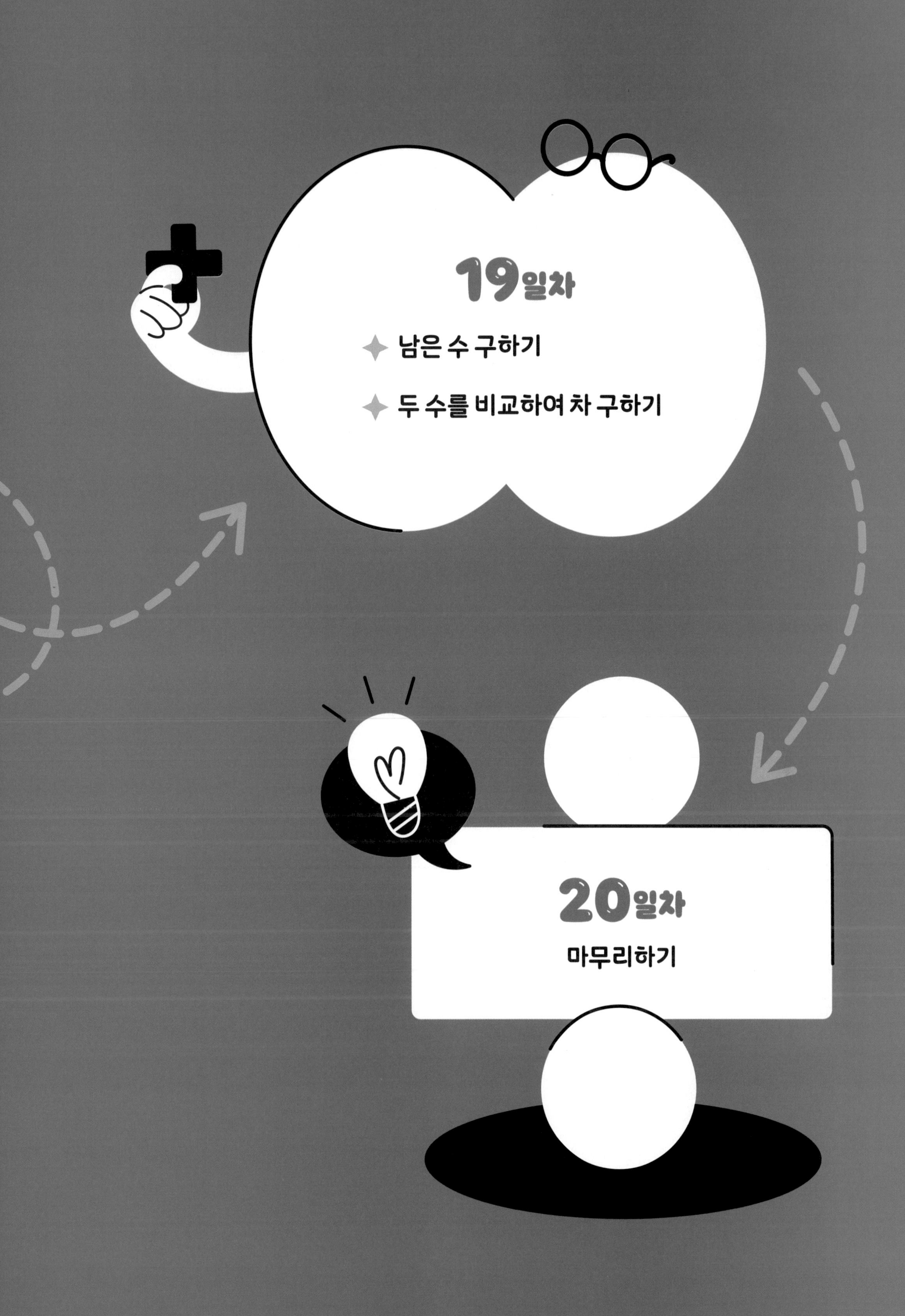
19일차
남은 수 구하기
두 수를 비교하여 차 구하기
20일차
마무리하기

준비 계산으로 문장제 준비하기

✦ □ 안에 알맞은 수를 써넣으세요.

1

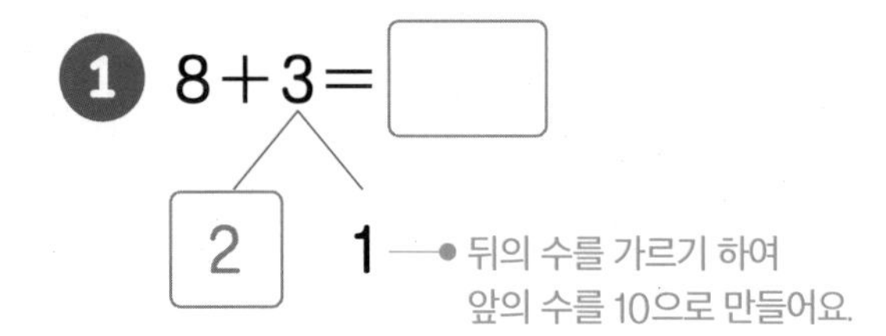
8+3=□
2 1
뒤의 수를 가르기 하여
앞의 수를 10으로 만들어요.

2

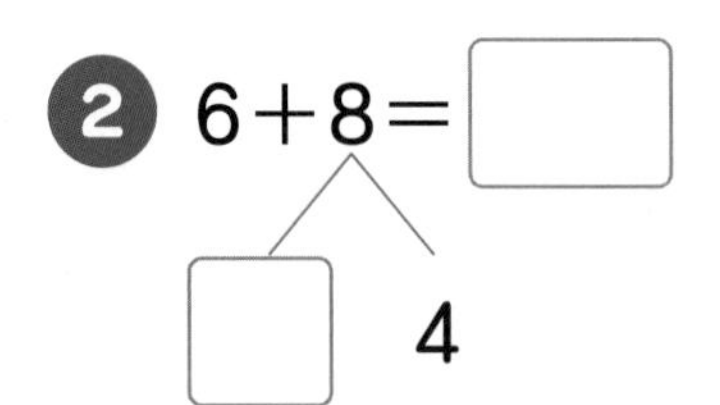
6+8=□
□ 4

3

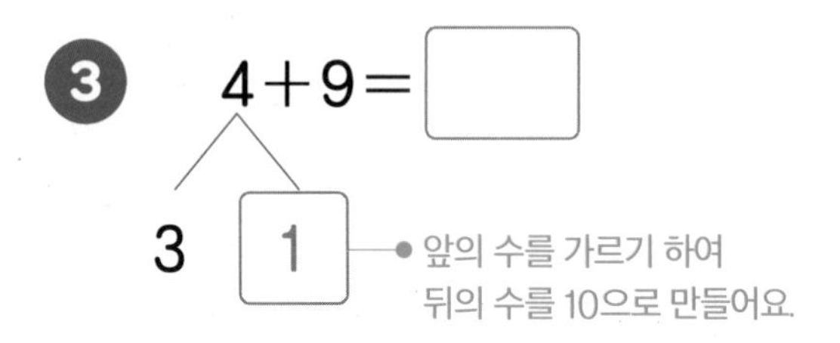
4+9=□
3 1
앞의 수를 가르기 하여
뒤의 수를 10으로 만들어요.

4 $7+8=$ □

5 □

5 $15-7=$ □

5 2 — 뒤의 수를 가르기 하여 앞의 수를 10으로 만들어요.

6 $16-9=$ □

□ 3

7 $14-8=$ □

10 4 — 10에서 뒤의 수를 뺄 수 있도록 앞의 수를 10과 몇으로 가르기 해요.

8 $13-5=$ □

10 □

정답 19쪽

9 $2+9=$

10 $4+7=$

11 $9+5=$

12 $8+4=$

13 $6+6=$

14 $13-9=$

15 $14-7=$

16 $15-6=$

17 $18-9=$

18 $16-8=$

공부한 날짜 월 일

18일 모두 몇인지 구하기

이것만 알자

모두 몇 개 → 두 수를 더하기

예 상자에 연두색 구슬이 6개, 주황색 구슬이 5개 들어 있습니다.
상자에 들어 있는 구슬은 모두 몇 개인가요?

(상자에 들어 있는 구슬의 수)
= (연두색 구슬의 수) + (주황색 구슬의 수)

식 6 + 5 = 11 답 11개

1 교실에 안경을 쓴 어린이가 4명, 안경을 쓰지 않은 어린이가 8명 있습니다.
교실에 있는 어린이는 모두 몇 명인가요?

식 4 + 8 = ☐ 답 ☐명

안경을 쓴 어린이 수 / 안경을 쓰지 않은 어린이 수

2 통에 흰색 바둑돌이 7개, 검은색 바둑돌이 7개 있습니다.
통에 들어 있는 바둑돌은 모두 몇 개인가요?

식 ☐ + ☐ = ☐ 답 ☐개

왼쪽 ①, ②번과 같이 문제의 핵심 부분에 색칠하고,
계산해야 하는 두 수에 밑줄을 그어 문제를 풀어 보세요.

정답 19쪽

③ 케이크에 양초를 선경이는 8개, 민우는 6개 꽂았습니다.
케이크에 꽂은 양초는 모두 몇 개인가요?

식 ______________________ 답 __________

④ 준호는 서점에 가서 동화책을 9권, 위인전을 4권 샀습니다.
준호가 산 책은 모두 몇 권인가요?

식 ______________________ 답 __________

⑤ 음료 가게에서 레몬즙 5컵과 물 9컵을 섞어
레몬주스를 만들었습니다. 레몬주스를 만드는 데
사용한 레몬즙과 물은 모두 몇 컵인가요?

식 ______________________

답 __________

18일 더 넣은 후의 수 구하기

이것만 알자

더 넣었습니다

➔ (처음에 있던 수)+(더 넣은 수)

예 연필 7자루가 들어 있는 필통 안에 연필 5자루를 더 넣었습니다.
필통 안에 들어 있는 연필은 모두 몇 자루인가요?

(필통 안에 들어 있는 연필의 수)
=(처음에 들어 있던 연필의 수)+(더 넣은 연필의 수)

식 $7+5=12$ 답 12자루

1 사과 8개가 들어 있는 바구니 안에 사과 5개를 더 넣었습니다.
바구니 안에 들어 있는 사과는 모두 몇 개인가요?

식 $8+5=\square$ 답 $\square$개

처음에 들어 있던 사과의 수 / 더 넣은 사과의 수

2 하은이는 색종이를 5장 가지고 있었는데 친구가 색종이 6장을 더 주었습니다.
하은이가 가지고 있는 색종이는 모두 몇 장인가요?

식 $\square+\square=\square$ 답 $\square$장

왼쪽 ①, ②번과 같이 문제의 핵심 부분에 색칠하고,
계산해야 하는 두 수에 밑줄을 그어 문제를 풀어 보세요.

정답 20쪽

③ 빵집에서 호두빵을 9개 구웠습니다. 잠시 후 호두빵 3개를 더 구웠다면 빵집에서 구운 호두빵은 모두 몇 개인가요?

식 ______________________ 답 __________

④ 금붕어 6마리가 들어 있는 어항에 금붕어 7마리를 더 넣었습니다. 어항에 들어 있는 금붕어는 모두 몇 마리인가요?

식 ______________________

답 __________

⑤ 세희는 칭찬 도장을 9개 받았는데 오늘 선생님에게 칭찬 도장 2개를 더 받았습니다. 세희가 받은 칭찬 도장은 모두 몇 개인가요?

식 ______________________ 답 __________

19일 남은 수 구하기

이것만 알자

~하고 남은 것은 몇 개
→ (처음에 있던 수) − (없어진 수)

예 사탕 12개가 있었습니다. 그중에서 4개를 먹었다면 남은 사탕은 몇 개인가요?

(남은 사탕의 수)
= (처음에 있던 사탕의 수) − (먹은 사탕의 수)

식 12 − 4 = 8 답 8개

1 수수깡이 13개 있었습니다. 그중에서 미술 시간에 7개를 사용했다면 남은 수수깡은 몇 개인가요?

식 13 − 7 = ☐ 답 ☐개

처음에 있던 수수깡의 수 / 사용한 수수깡의 수

2 엘리베이터에 11명이 타고 있었습니다. 그중에서 3명이 내렸다면 엘리베이터에 남은 사람은 몇 명인가요?

식 ☐ − ☐ = ☐ 답 ☐명

왼쪽 ①, ②번과 같이 문제의 핵심 부분에 색칠하고,
계산해야 하는 두 수에 밑줄을 그어 문제를 풀어 보세요.

정답 20쪽

③ 동진이네 가족이 시루떡을 17개 만들었습니다. 그중에서 이웃집에 8개를 주었다면 남은 시루떡은 몇 개인가요?

식 ______________________ 답 ______________

④ 주차장에 자동차가 15대 있었습니다.
그중에서 7대가 주차장에서 나갔다면
주차장에 남은 자동차는 몇 대인가요?

식 ______________________

답 ______________

⑤ 신발 가게에 운동화가 14켤레 있었습니다. 그중에서 9켤레를 팔았다면 남은 운동화는 몇 켤레인가요?

식 ______________________ 답 ______________

19일

두 수를 비교하여 차 구하기

이것만 알자

15개는 9개보다 몇 개 더 많은가?

→ 15 − 9

예 귤이 15개, 감이 9개 있습니다. 귤은 감보다 몇 개 더 많은가요?

(귤의 수) − (감의 수)

식 15 − 9 = 6

답 6개

‘~보다 몇 개 더 많은지(적은지)’를 구하려면 뺄셈식을 이용해요.

1 털모자가 14개, 목도리가 8개 있습니다.
털모자는 목도리보다 몇 개 더 많은가요?

식 14 − 8 = □

털모자의 수 / 목도리의 수

답 □개

2 진아네 반에서 동생이 있는 학생은 11명, 동생이 없는 학생은 9명입니다.
동생이 없는 학생은 동생이 있는 학생보다 몇 명 더 적은가요?

식 □ − □ = □

답 □명

왼쪽 ①, ②번과 같이 문제의 핵심 부분에 색칠하고,
계산해야 하는 두 수에 밑줄을 그어 문제를 풀어 보세요.

정답 21쪽

③ 식목일에 연아네 마을 사람들이 감나무는 12그루, 소나무는 6그루 심었습니다. 감나무는 소나무보다 몇 그루 더 많이 심었나요?

식 ______________________ **답** __________

④ 동물원에 하마가 18마리, 얼룩말이 9마리 있습니다.
얼룩말은 하마보다 몇 마리 더 적은가요?

식 ______________________ **답** __________

⑤ 민속촌에서 윷놀이를 하는 사람은 13명,
팽이치기를 하는 사람은 5명입니다.
팽이치기를 하는 사람은 윷놀이를
하는 사람보다 몇 명 더 적은가요?

식 ______________________ **답** __________

공부한 날짜 월 일

20일 마무리하기

90쪽

1 주현이네 반 학생은 남학생이 8명, 여학생이 9명입니다.
주현이네 반 학생은 모두 몇 명인가요?

( )

92쪽

2 구슬이 6개 들어 있는 유리병에 구슬을 6개 더 넣었습니다.
유리병에 들어 있는 구슬은 모두 몇 개인가요?

( )

94쪽

3 목장 울타리 안에 젖소가 16마리 있었습니다. 그중에서 7마리가 울타리 밖으로 나갔다면 울타리 안에 남은 젖소는 몇 마리인가요?

( )

정답 21쪽

96쪽

4 영우가 친구들과 나누어 먹으려고 주스는 15컵, 우유는 8컵 준비했습니다. 주스는 우유보다 몇 컵 더 많은가요?

( )

96쪽

5 재희의 언니 나이는 13살, 재희의 나이는 9살입니다. 재희의 나이는 재희의 언니 나이보다 몇 살 더 적은가요?

( )

6 94쪽

도전 문제

접시에 땅콩이 14개 있었습니다. 그중에서 지용이가 오전에 5개, 오후에 3개를 먹었다면 남은 땅콩은 몇 개인지 구해 보세요.

❶ 오전에 먹고 남은 땅콩의 수 → ( )

❷ 오전과 오후에 먹고 남은 땅콩의 수 → ( )

공부한 날짜 　　월　　일

1회 실력 평가

1 막대 사탕이 10개씩 묶음 8개와 낱개 1개가 있습니다.
막대 사탕은 모두 몇 개인가요?

(　　　　　　　　　　)

2 상자 안에 색연필이 25자루, 볼펜이 3자루 들어 있습니다.
상자 안에 들어 있는 색연필과 볼펜은 모두 몇 자루인가요?

(　　　　　　　　　　)

3 가장 많은 모양을 찾아 ○표 하세요.

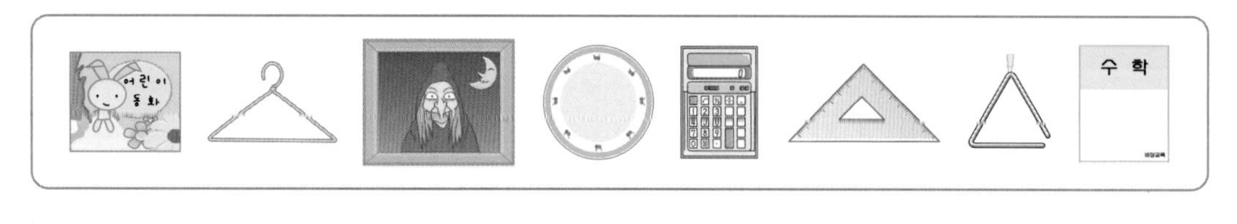

(□ , △ , ○)

정답 22쪽

4 바구니에 옥수수가 10개 있었습니다. 그중에서 7개를 먹었다면 남은 옥수수는 몇 개인가요?

( )

5 시계의 짧은바늘이 8과 9 사이를 가리키고, 긴바늘이 6을 가리키고 있습니다. 몇 시 몇 분인가요?

( )

6 병아리 9마리가 있는 울타리 안에 병아리 7마리를 더 넣었습니다. 울타리 안에 있는 병아리는 모두 몇 마리인가요?

( )

7 지호네 가족이 밭에서 배추를 8포기 뽑았습니다. 그중에서 할머니 댁에 2포기, 고모 댁에 4포기 주었다면 남은 배추는 몇 포기인가요?

( )

2회 실력 평가

1 붙임 딱지를 재영이는 79장 모았고, 난희는 재영이보다 한 장 더 많이 모았습니다. 난희가 모은 붙임 딱지는 몇 장인가요?

( )

2 과수원에서 사과를 정아는 36개 땄고, 선영이는 정아보다 15개 더 적게 땄습니다. 선영이가 딴 사과는 몇 개인가요?

( )

3 어떤 모양의 부분을 나타낸 그림입니다. 알맞은 모양을 찾아 ○표 하세요.

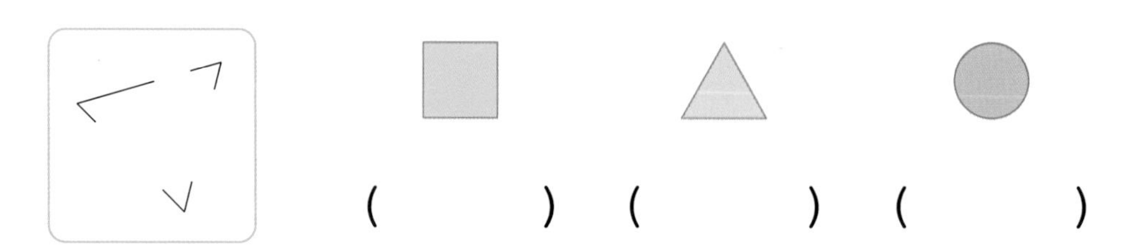

( ) ( ) ( )

정답 22쪽

4 냉장고에 초콜릿 아이스크림이 20개, 바닐라 아이스크림이 30개 있습니다.
냉장고에 있는 아이스크림은 모두 몇 개인가요?

( )

5 규칙에 따라 빈칸에 알맞은 수를 써넣으세요.

글러브	배트	배트	글러브	배트	배트	글러브	배트	배트
1	2	2	1	2			2	

6 운동장에 줄넘기를 하는 사람이 2명, 배구를 하는 사람이 6명, 달리기를 하는 사람이 4명 있습니다. 운동장에 있는 사람은 모두 몇 명인가요?

( )

7 방학 동안 책을 소율이는 17권, 하은이는 9권 읽었습니다.
소율이는 하은이보다 책을 몇 권 더 많이 읽었나요?

( )

MEMO

1B

1학년 • 기본

교과서 문해력

수학 문장제

공부로 이끄는 힘!
완자 공부력

어제와 오늘 읽은 동화책은 모두 몇 쪽인가요?

정답과 해설

정답과 해설
QR코드

 **책 속의 가접 별책** (특허 제 0557442호)

'정답과 해설'은 진도책에서 쉽게 분리할 수 있도록 제작되었으므로
유통 과정에서 분리될 수 있으나 파본이 아닌 정상 제품입니다.

visang

우리는 남다른 상상과 혁신으로
교육 문화의 새로운 전형을 만들어
모든 이의 행복한 경험과 성장에 기여한다

ABOVE IMAGINATION

우리는 남다른 상상과 혁신으로
교육 문화의 새로운 전형을 만들어
모든 이의 행복한 경험과 성장에 기여한다

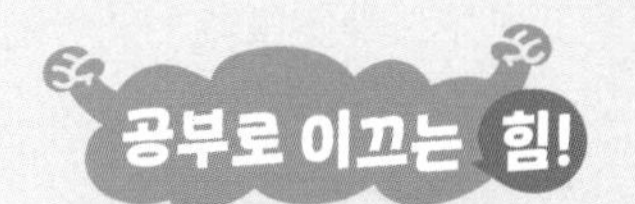

완자 공부력

교과서 문해력
수학 문장제 기본 1B

< 정답과 해설 >

1 100까지의 수

10-11쪽

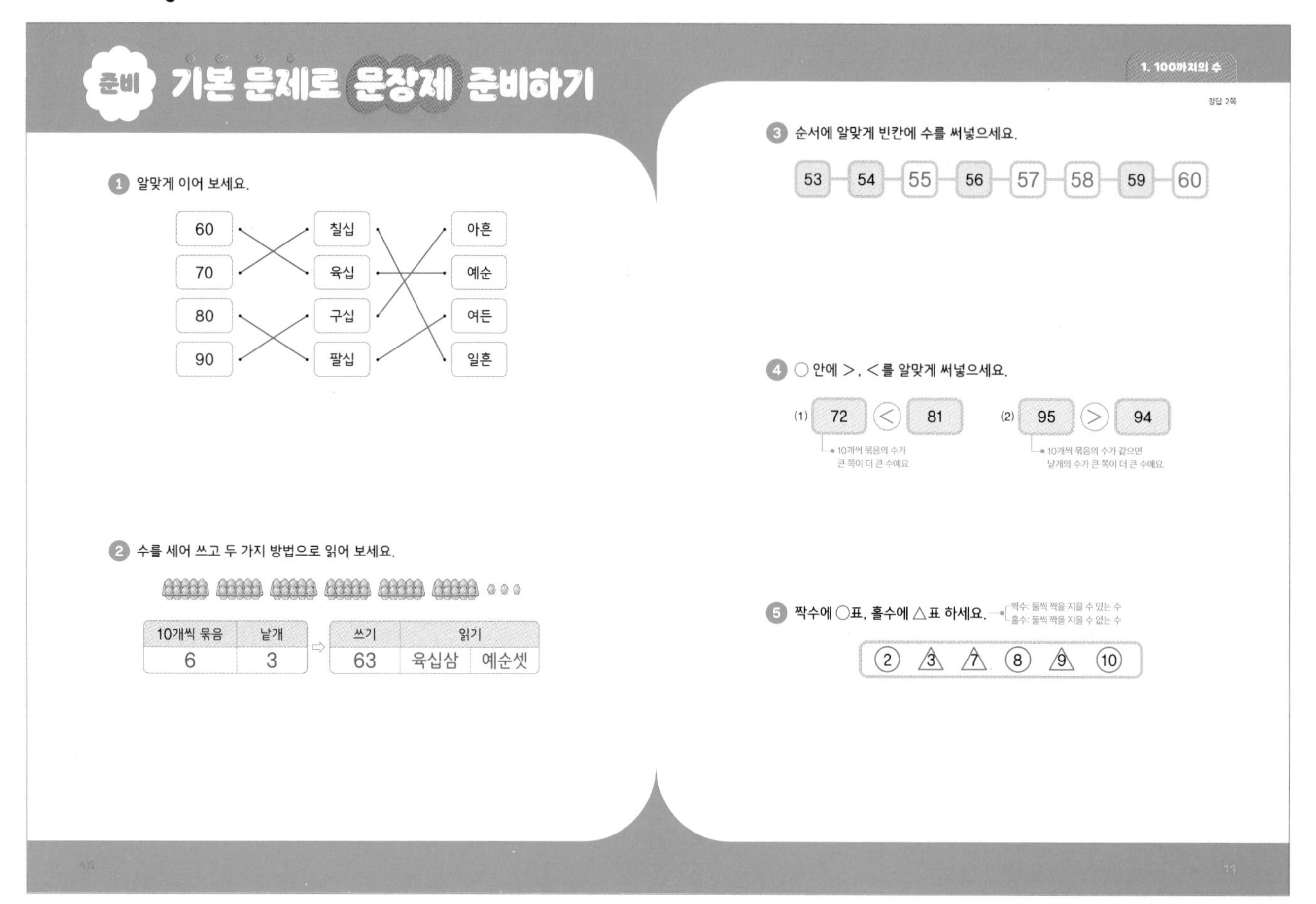

준비 기본 문제로 문장제 준비하기

정답 2쪽

1 알맞게 이어 보세요.

60, 70, 80, 90 / 칠십, 육십, 구십, 팔십 / 아흔, 예순, 여든, 일흔

2 수를 세어 쓰고 두 가지 방법으로 읽어 보세요.

10개씩 묶음	낱개
6	3

⇨

쓰기	읽기	
63	육십삼	예순셋

3 순서에 알맞게 빈칸에 수를 써넣으세요.

53 - 54 - 55 - 56 - 57 - 58 - 59 - 60

4 ○ 안에 >, <를 알맞게 써넣으세요.

(1) 72 < 81
10개씩 묶음의 수가 큰 쪽이 더 큰 수예요.

(2) 95 > 94
10개씩 묶음의 수가 같으면 낱개의 수가 큰 쪽이 더 큰 수예요.

5 짝수에 ○표, 홀수에 △표 하세요.
짝수: 둘씩 짝을 지을 수 있는 수
홀수: 둘씩 짝을 지을 수 없는 수

2 3 7 8 9 10

12-13쪽

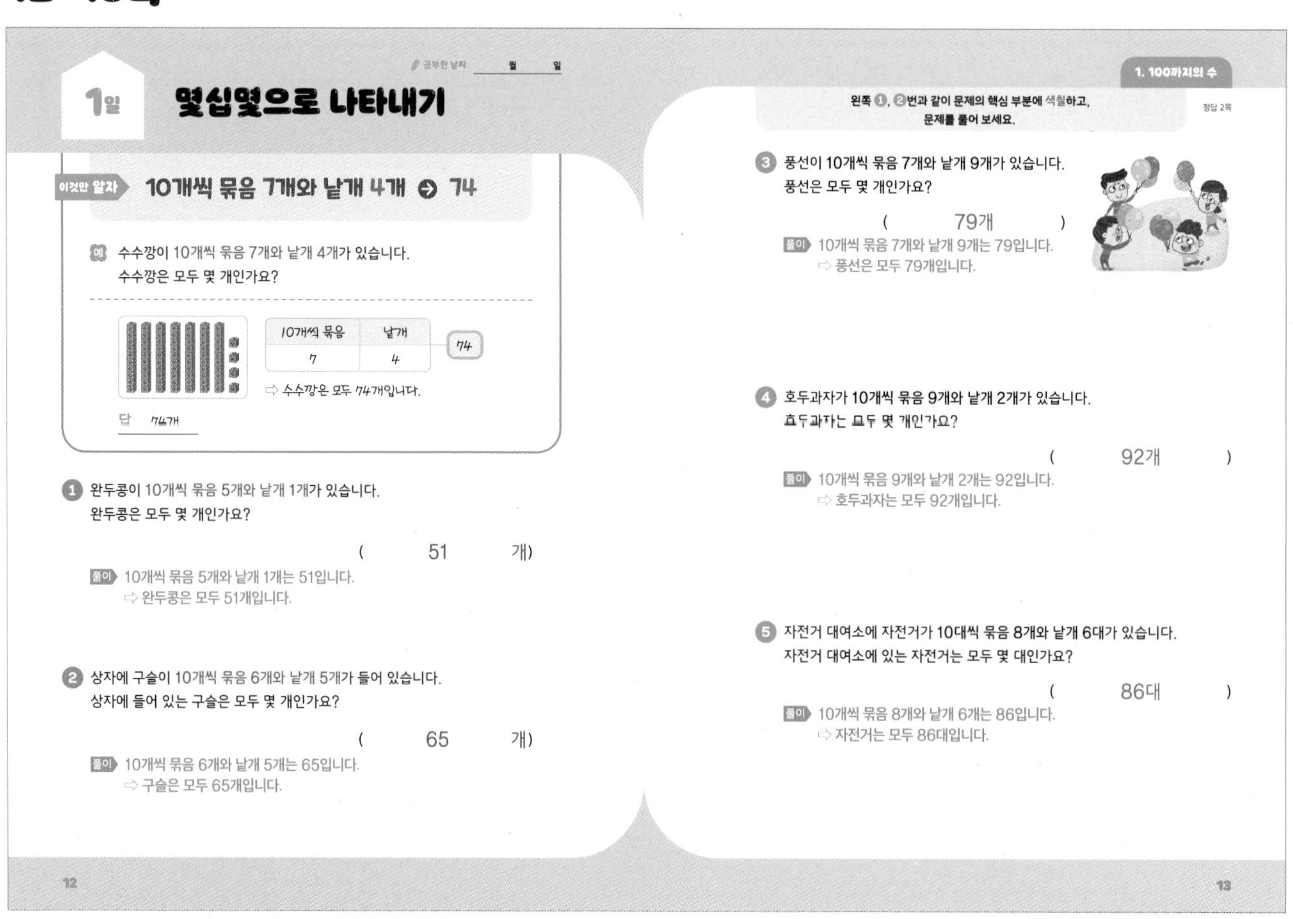

1일 몇십몇으로 나타내기

공부한 날짜 월 일

이것만 알자 10개씩 묶음 7개와 낱개 4개 ➔ 74

예 수수깡이 10개씩 묶음 7개와 낱개 4개가 있습니다. 수수깡은 모두 몇 개인가요?

10개씩 묶음	낱개
7	4

74

⇨ 수수깡은 모두 74개입니다.

답 74개

1 완두콩이 10개씩 묶음 5개와 낱개 1개가 있습니다. 완두콩은 모두 몇 개인가요?

(51 개)

풀이 10개씩 묶음 5개와 낱개 1개는 51입니다.
⇨ 완두콩은 모두 51개입니다.

2 상자에 구슬이 10개씩 묶음 6개와 낱개 5개가 들어 있습니다. 상자에 들어 있는 구슬은 모두 몇 개인가요?

(65 개)

풀이 10개씩 묶음 6개와 낱개 5개는 65입니다.
⇨ 구슬은 모두 65개입니다.

왼쪽 1, 2번과 같이 문제의 핵심 부분에 색칠하고, 문제를 풀어 보세요.

정답 2쪽

3 풍선이 10개씩 묶음 7개와 낱개 9개가 있습니다. 풍선은 모두 몇 개인가요?

(79개)

풀이 10개씩 묶음 7개와 낱개 9개는 79입니다.
⇨ 풍선은 모두 79개입니다.

4 호두과자가 10개씩 묶음 9개와 낱개 2개가 있습니다. 호두과자는 모두 몇 개인가요?

(92개)

풀이 10개씩 묶음 9개와 낱개 2개는 92입니다.
⇨ 호두과자는 모두 92개입니다.

5 자전거 대여소에 자전거가 10대씩 묶음 8개와 낱개 6대가 있습니다. 자전거 대여소에 있는 자전거는 모두 몇 대인가요?

(86대)

풀이 10개씩 묶음 8개와 낱개 6개는 86입니다.
⇨ 자전거는 모두 86대입니다.

14-15쪽

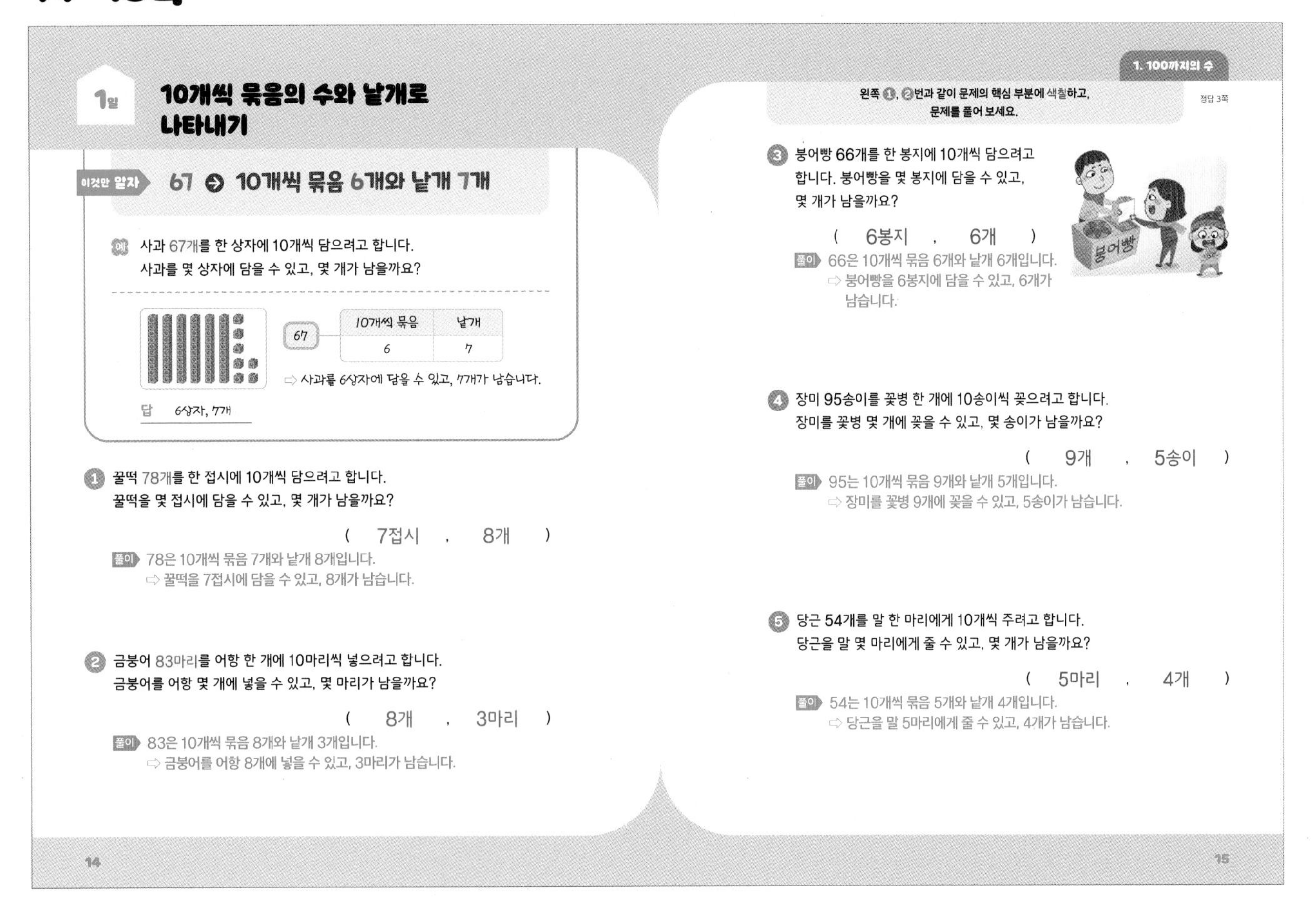

1일 **10개씩 묶음의 수와 낱개로 나타내기**

이것만 알자 **67 ➔ 10개씩 묶음 6개와 낱개 7개**

예 사과 67개를 한 상자에 10개씩 담으려고 합니다.
사과를 몇 상자에 담을 수 있고, 몇 개가 남을까요?

67

10개씩 묶음	낱개
6	7

⇨ 사과를 6상자에 담을 수 있고, 7개가 남습니다.

답 6상자, 7개

1 꿀떡 78개를 한 접시에 10개씩 담으려고 합니다.
꿀떡을 몇 접시에 담을 수 있고, 몇 개가 남을까요?

(7접시 , 8개)

풀이 78은 10개씩 묶음 7개와 낱개 8개입니다.
⇨ 꿀떡을 7접시에 담을 수 있고, 8개가 남습니다.

2 금붕어 83마리를 어항 한 개에 10마리씩 넣으려고 합니다.
금붕어를 어항 몇 개에 넣을 수 있고, 몇 마리가 남을까요?

(8개 , 3마리)

풀이 83은 10개씩 묶음 8개와 낱개 3개입니다.
⇨ 금붕어를 어항 8개에 넣을 수 있고, 3마리가 남습니다.

14

1. 100까지의 수

왼쪽 1, 2번과 같이 문제의 핵심 부분에 색칠하고, 문제를 풀어 보세요.

정답 3쪽

3 붕어빵 66개를 한 봉지에 10개씩 담으려고 합니다. 붕어빵을 몇 봉지에 담을 수 있고, 몇 개가 남을까요?

(6봉지 , 6개)

풀이 66은 10개씩 묶음 6개와 낱개 6개입니다.
⇨ 붕어빵을 6봉지에 담을 수 있고, 6개가 남습니다.

4 장미 95송이를 꽃병 한 개에 10송이씩 꽂으려고 합니다.
장미를 꽃병 몇 개에 꽂을 수 있고, 몇 송이가 남을까요?

(9개 , 5송이)

풀이 95는 10개씩 묶음 9개와 낱개 5개입니다.
⇨ 장미를 꽃병 9개에 꽂을 수 있고, 5송이가 남습니다.

5 당근 54개를 말 한 마리에게 10개씩 주려고 합니다.
당근을 말 몇 마리에게 줄 수 있고, 몇 개가 남을까요?

(5마리 , 4개)

풀이 54는 10개씩 묶음 5개와 낱개 4개입니다.
⇨ 당근을 말 5마리에게 줄 수 있고, 4개가 남습니다.

15

16-17쪽

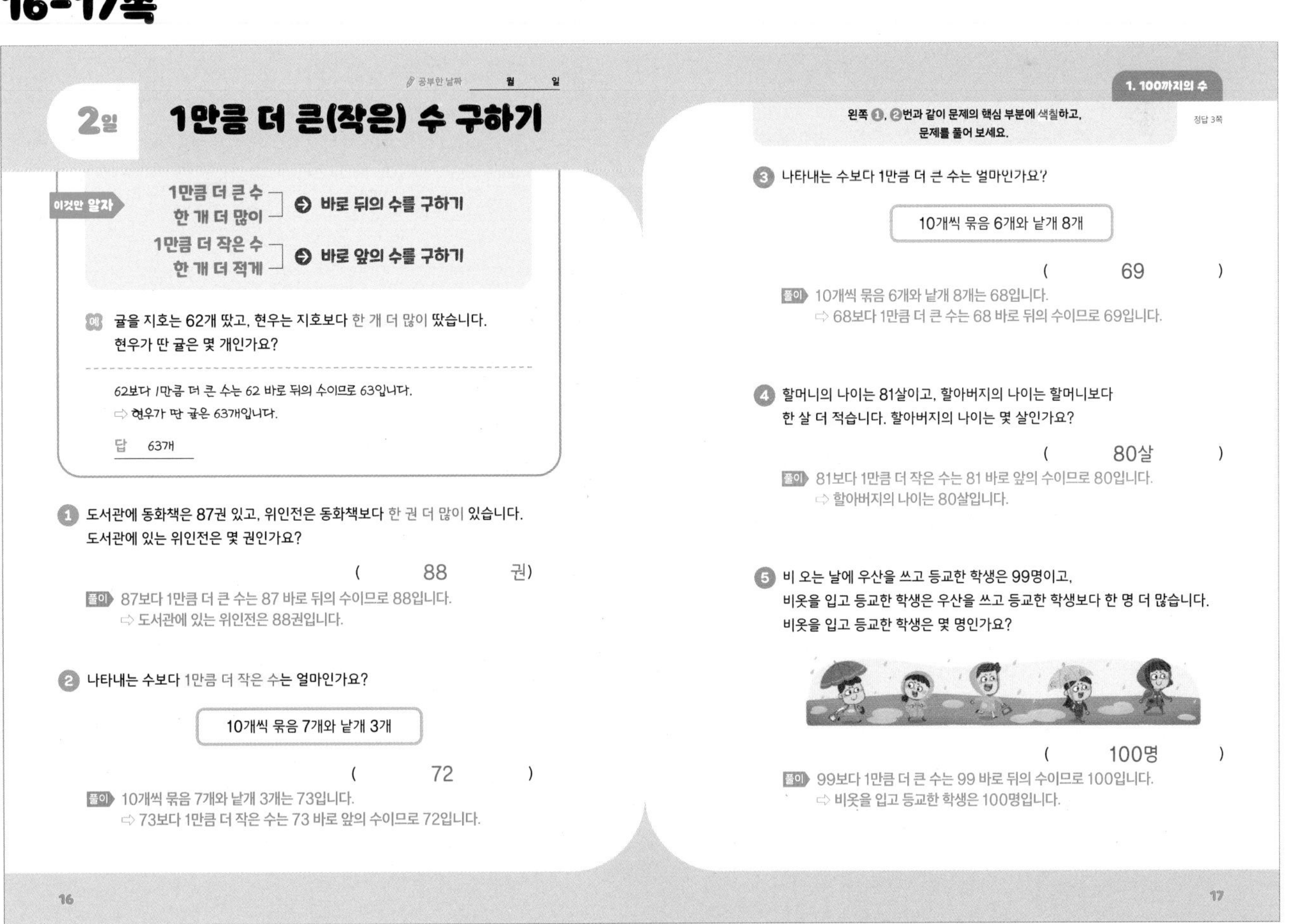

공부한 날짜 월 일

2일 **1만큼 더 큰(작은) 수 구하기**

이것만 알자
1만큼 더 큰 수 / 한 개 더 많이 ➔ 바로 뒤의 수를 구하기
1만큼 더 작은 수 / 한 개 더 적게 ➔ 바로 앞의 수를 구하기

예 귤을 지호는 62개 땄고, 현우는 지호보다 한 개 더 많이 땄습니다.
현우가 딴 귤은 몇 개인가요?

62보다 1만큼 더 큰 수는 62 바로 뒤의 수이므로 63입니다.
⇨ 현우가 딴 귤은 63개입니다.

답 63개

1 도서관에 동화책은 87권 있고, 위인전은 동화책보다 한 권 더 많이 있습니다.
도서관에 있는 위인전은 몇 권인가요?

(88 권)

풀이 87보다 1만큼 더 큰 수는 87 바로 뒤의 수이므로 88입니다.
⇨ 도서관에 있는 위인전은 88권입니다.

2 나타내는 수보다 1만큼 더 작은 수는 얼마인가요?

10개씩 묶음 7개와 낱개 3개

(72)

풀이 10개씩 묶음 7개와 낱개 3개는 73입니다.
⇨ 73보다 1만큼 더 작은 수는 73 바로 앞의 수이므로 72입니다.

16

1. 100까지의 수

왼쪽 1, 2번과 같이 문제의 핵심 부분에 색칠하고, 문제를 풀어 보세요.

정답 3쪽

3 나타내는 수보다 1만큼 더 큰 수는 얼마인가요?

10개씩 묶음 6개와 낱개 8개

(69)

풀이 10개씩 묶음 6개와 낱개 8개는 68입니다.
⇨ 68보다 1만큼 더 큰 수는 68 바로 뒤의 수이므로 69입니다.

4 할머니의 나이는 81살이고, 할아버지의 나이는 할머니보다 한 살 더 적습니다. 할아버지의 나이는 몇 살인가요?

(80살)

풀이 81보다 1만큼 더 작은 수는 81 바로 앞의 수이므로 80입니다.
⇨ 할아버지의 나이는 80살입니다.

5 비 오는 날에 우산을 쓰고 등교한 학생은 99명이고,
비옷을 입고 등교한 학생은 우산을 쓰고 등교한 학생보다 한 명 더 많습니다.
비옷을 입고 등교한 학생은 몇 명인가요?

(100명)

풀이 99보다 1만큼 더 큰 수는 99 바로 뒤의 수이므로 100입니다.
⇨ 비옷을 입고 등교한 학생은 100명입니다.

17

1 100까지의 수

18-19쪽

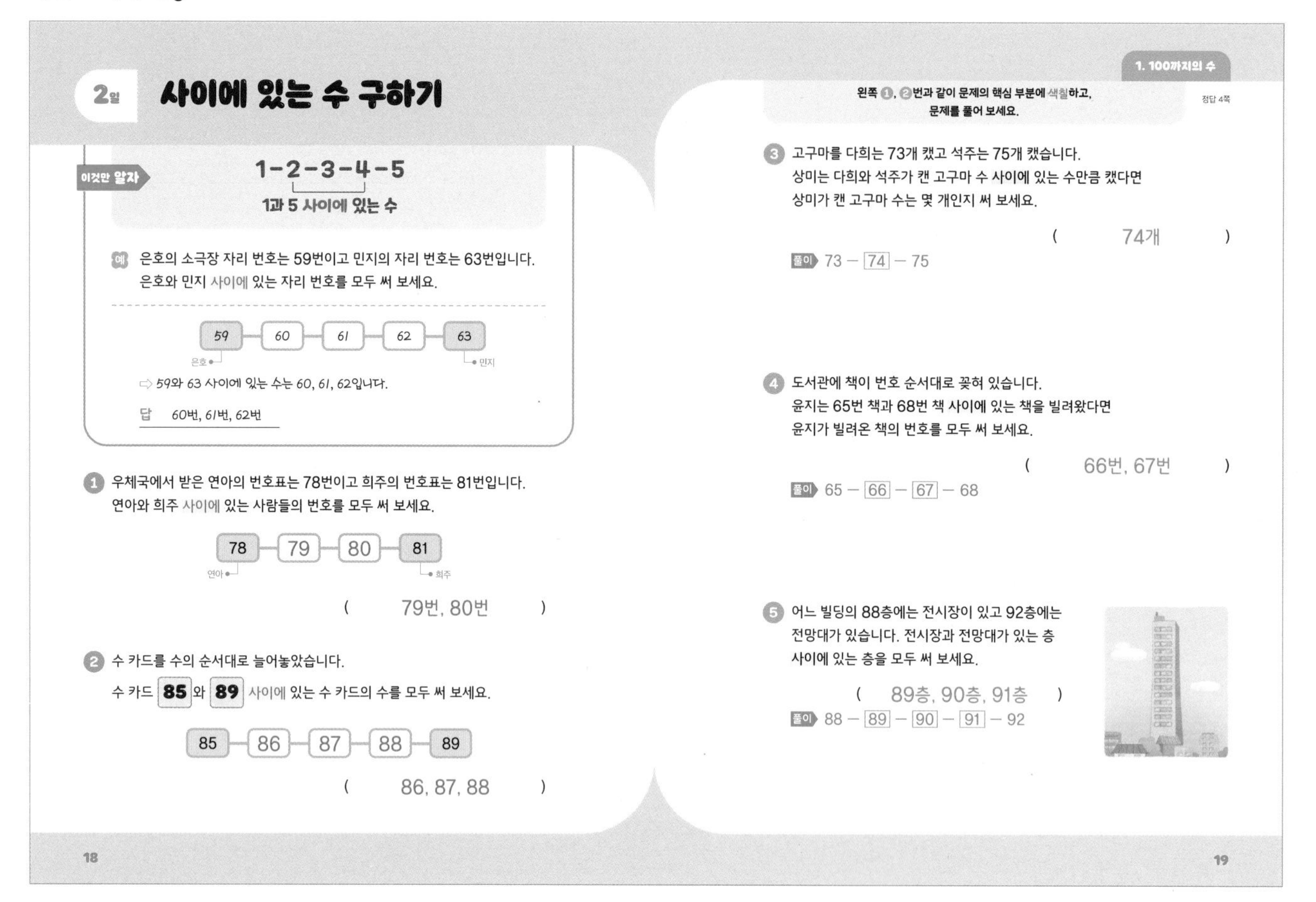

2일 사이에 있는 수 구하기

이것만 알자

1-2-3-4-5

1과 5 사이에 있는 수

예 은호의 소극장 자리 번호는 59번이고 민지의 자리 번호는 63번입니다.
은호와 민지 사이에 있는 자리 번호를 모두 써 보세요.

59 — 60 — 61 — 62 — 63

은호 민지

⇨ 59와 63 사이에 있는 수는 60, 61, 62입니다.

답 60번, 61번, 62번

1 우체국에서 받은 연아의 번호표는 78번이고 희주의 번호표는 81번입니다.
연아와 희주 사이에 있는 사람들의 번호를 모두 써 보세요.

78 — 79 — 80 — 81

연아 희주

(79번, 80번)

2 수 카드를 수의 순서대로 늘어놓았습니다.
수 카드 85 와 89 사이에 있는 수 카드의 수를 모두 써 보세요.

85 — 86 — 87 — 88 — 89

(86, 87, 88)

1. 100까지의 수

왼쪽 1, 2번과 같이 문제의 핵심 부분에 색칠하고,
문제를 풀어 보세요.

정답 4쪽

3 고구마를 다희는 73개 캤고 석주는 75개 캤습니다.
상미는 다희와 석주가 캔 고구마 수 사이에 있는 수만큼 캤다면
상미가 캔 고구마 수는 몇 개인지 써 보세요.

(74개)

풀이 73 — 74 — 75

4 도서관에 책이 번호 순서대로 꽂혀 있습니다.
윤지는 65번 책과 68번 책 사이에 있는 책을 빌려왔다면
윤지가 빌려온 책의 번호를 모두 써 보세요.

(66번, 67번)

풀이 65 — 66 — 67 — 68

5 어느 빌딩의 88층에는 전시장이 있고 92층에는
전망대가 있습니다. 전시장과 전망대가 있는 층
사이에 있는 층을 모두 써 보세요.

(89층, 90층, 91층)

풀이 88 — 89 — 90 — 91 — 92

18 19

20-21쪽

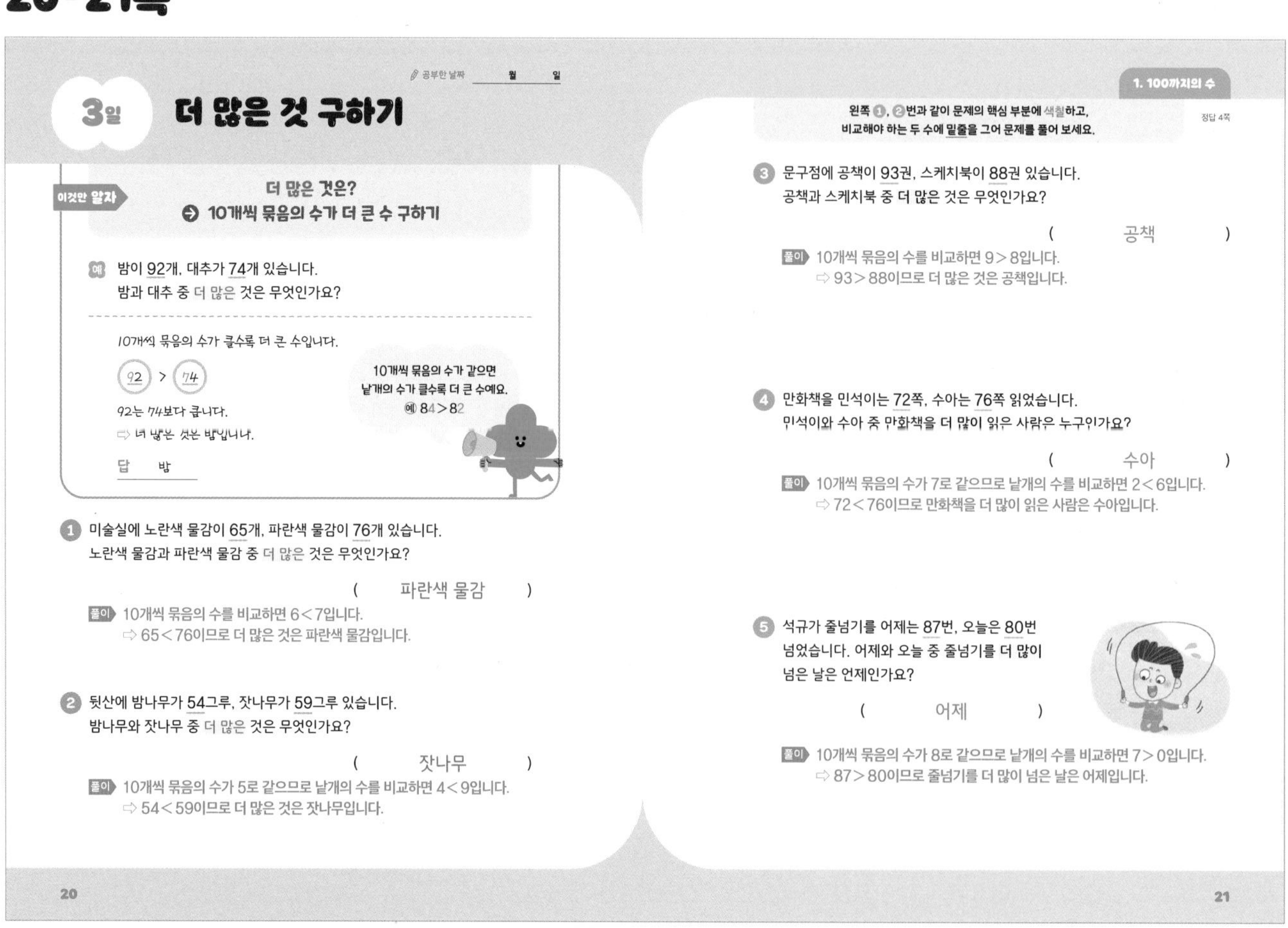

공부한 날짜 월 일

3일 더 많은 것 구하기

이것만 알자

더 많은 것은?
➔ 10개씩 묶음의 수가 더 큰 수 구하기

예 밤이 92개, 대추가 74개 있습니다.
밤과 대추 중 더 많은 것은 무엇인가요?

10개씩 묶음의 수가 클수록 더 큰 수입니다.

92 > 74

92는 74보다 큽니다.

⇨ 더 많은 것은 밤입니다.

답 밤

10개씩 묶음의 수가 같으면
낱개의 수가 클수록 더 큰 수예요.
예 84 > 82

1 미술실에 노란색 물감이 65개, 파란색 물감이 76개 있습니다.
노란색 물감과 파란색 물감 중 더 많은 것은 무엇인가요?

(파란색 물감)

풀이 10개씩 묶음의 수를 비교하면 6 < 7입니다.
⇨ 65 < 76이므로 더 많은 것은 파란색 물감입니다.

2 뒷산에 밤나무가 54그루, 잣나무가 59그루 있습니다.
밤나무와 잣나무 중 더 많은 것은 무엇인가요?

(잣나무)

풀이 10개씩 묶음의 수가 5로 같으므로 낱개의 수를 비교하면 4 < 9입니다.
⇨ 54 < 59이므로 더 많은 것은 잣나무입니다.

1. 100까지의 수

왼쪽 1, 2번과 같이 문제의 핵심 부분에 색칠하고,
비교해야 하는 두 수에 밑줄을 그어 문제를 풀어 보세요.

정답 4쪽

3 문구점에 공책이 93권, 스케치북이 88권 있습니다.
공책과 스케치북 중 더 많은 것은 무엇인가요?

(공책)

풀이 10개씩 묶음의 수를 비교하면 9 > 8입니다.
⇨ 93 > 88이므로 더 많은 것은 공책입니다.

4 만화책을 민석이는 72쪽, 수아는 76쪽 읽었습니다.
민석이와 수아 중 만화책을 더 많이 읽은 사람은 누구인가요?

(수아)

풀이 10개씩 묶음의 수가 7로 같으므로 낱개의 수를 비교하면 2 < 6입니다.
⇨ 72 < 76이므로 만화책을 더 많이 읽은 사람은 수아입니다.

5 석규가 줄넘기를 어제는 87번, 오늘은 80번
넘었습니다. 어제와 오늘 중 줄넘기를 더 많이
넘은 날은 언제인가요?

(어제)

풀이 10개씩 묶음의 수가 8로 같으므로 낱개의 수를 비교하면 7 > 0입니다.
⇨ 87 > 80이므로 줄넘기를 더 많이 넘은 날은 어제입니다.

20 21

22-23쪽

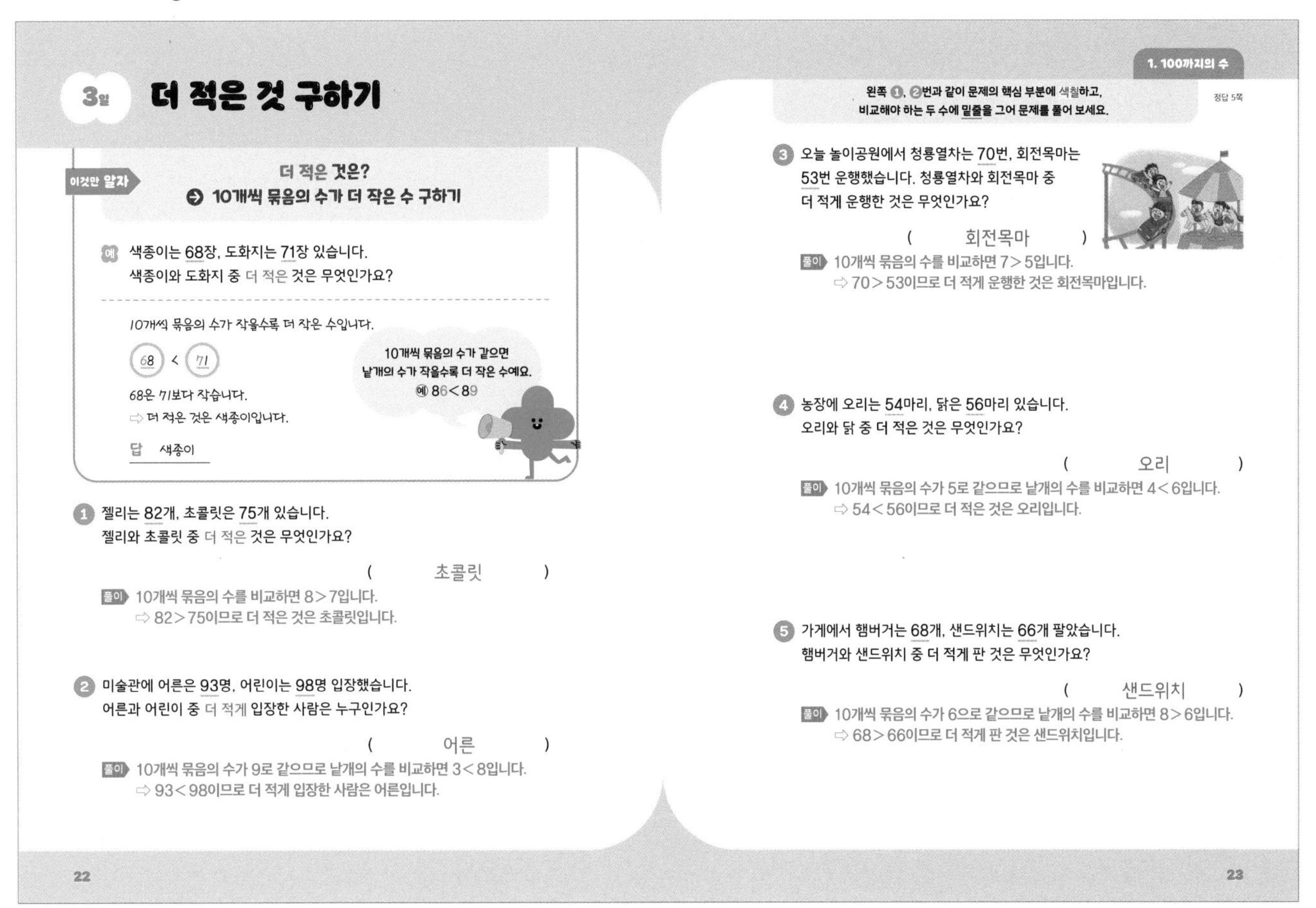

1. 100까지의 수

3일 더 적은 것 구하기

왼쪽 ❶, ❷번과 같이 문제의 핵심 부분에 색칠하고, 비교해야 하는 두 수에 밑줄을 그어 문제를 풀어 보세요.

정답 5쪽

이것만 알자

더 적은 것은?
➔ 10개씩 묶음의 수가 더 작은 수 구하기

예 색종이는 68장, 도화지는 71장 있습니다.
색종이와 도화지 중 더 적은 것은 무엇인가요?

10개씩 묶음의 수가 작을수록 더 작은 수입니다.

68 < 71

68은 71보다 작습니다.
⇨ 더 적은 것은 색종이입니다.

답 색종이

10개씩 묶음의 수가 같으면 낱개의 수가 작을수록 더 작은 수예요.
예 $86<89$

❶ 젤리는 82개, 초콜릿은 75개 있습니다.
젤리와 초콜릿 중 더 적은 것은 무엇인가요?

(초콜릿)

풀이 10개씩 묶음의 수를 비교하면 $8>7$입니다.
⇨ $82>75$이므로 더 적은 것은 초콜릿입니다.

❷ 미술관에 어른은 93명, 어린이는 98명 입장했습니다.
어른과 어린이 중 더 적게 입장한 사람은 누구인가요?

(어른)

풀이 10개씩 묶음의 수가 9로 같으므로 낱개의 수를 비교하면 $3<8$입니다.
⇨ $93<98$이므로 더 적게 입장한 사람은 어른입니다.

❸ 오늘 놀이공원에서 청룡열차는 70번, 회전목마는 53번 운행했습니다. 청룡열차와 회전목마 중 더 적게 운행한 것은 무엇인가요?

(회전목마)

풀이 10개씩 묶음의 수를 비교하면 $7>5$입니다.
⇨ $70>53$이므로 더 적게 운행한 것은 회전목마입니다.

❹ 농장에 오리는 54마리, 닭은 56마리 있습니다.
오리와 닭 중 더 적은 것은 무엇인가요?

(오리)

풀이 10개씩 묶음의 수가 5로 같으므로 낱개의 수를 비교하면 $4<6$입니다.
⇨ $54<56$이므로 더 적은 것은 오리입니다.

❺ 가게에서 햄버거는 68개, 샌드위치는 66개 팔았습니다.
햄버거와 샌드위치 중 더 적게 판 것은 무엇인가요?

(샌드위치)

풀이 10개씩 묶음의 수가 6으로 같으므로 낱개의 수를 비교하면 $8>6$입니다.
⇨ $68>66$이므로 더 적게 판 것은 샌드위치입니다.

22 23

24-25쪽

공부한 날짜 월 일 걸린 시간 / 20분 맞은 개수 / 7개

1. 100까지의 수

4일 마무리하기

정답 5쪽

12쪽

❶ 바구니에 방울토마토가 10개씩 묶음 6개와 낱개 2개가 들어 있습니다.
바구니에 들어 있는 방울토마토는 모두 몇 개인가요?

(62개)

풀이 10개씩 묶음 6개와 낱개 2개는 62입니다.
⇨ 방울토마토는 모두 62개입니다.

14쪽

❷ 탁구공 86개를 한 상자에 10개씩 담으려고 합니다.
탁구공을 몇 상자에 담을 수 있고, 몇 개가 남을까요?

(8상자 , 6개)

풀이 86은 10개씩 묶음 8개와 낱개 6개입니다.
⇨ 탁구공을 8상자에 담을 수 있고, 6개가 남습니다.

16쪽

❸ 나타내는 수보다 1만큼 더 큰 수는 얼마인가요?

10개씩 묶음 9개와 낱개 4개

(95)

풀이 10개씩 묶음 9개와 낱개 4개는 94입니다.
⇨ 94보다 1만큼 더 큰 수는 94 바로 뒤의 수이므로 95입니다.

18쪽

❹ 유정이의 사물함 번호는 69번이고 석진이의 사물함 번호는 72번입니다.
유정이와 석진이의 사물함 번호 사이에 있는 사물함의 번호를 모두 써 보세요.

(70번, 71번)

풀이 69—[70]—[71]—72

20쪽

❺ 주스 가게에서 딸기주스는 70병, 감귤주스는 81병 만들었습니다.
딸기주스와 감귤주스 중 더 많이 만든 것은 무엇인가요?

(감귤주스)

풀이 $70<81$이므로 더 많이 만든 것은 감귤주스입니다.

22쪽

❻ 한 달 동안 운동장을 우진이는 65바퀴, 유주는 63바퀴 달렸습니다.
우진이와 유주 중 운동장을 더 적게 달린 사람은 누구인가요?

(유주)

풀이 $65>63$이므로 운동장을 더 적게 달린 사람은 유주입니다.

❼ 16쪽 **도전 문제**

연필이 77자루 있습니다. 색연필은 연필보다 한 자루 더 적고, 볼펜은 색연필보다 한 자루 더 적습니다. 볼펜은 몇 자루인지 구해 보세요.

❶ 연필의 수보다 1만큼 더 작은 수 → (76)
❷ 색연필의 수 → (76자루)
❸ 색연필의 수보다 1만큼 더 작은 수 → (75)
❹ 볼펜의 수 → (75자루)

풀이 ❶ 77보다 1만큼 더 작은 수는 77 바로 앞의 수이므로 76입니다.
❸ 76보다 1만큼 더 작은 수는 76 바로 앞의 수이므로 75입니다.

24 25

2 덧셈과 뺄셈(1)

28-29쪽

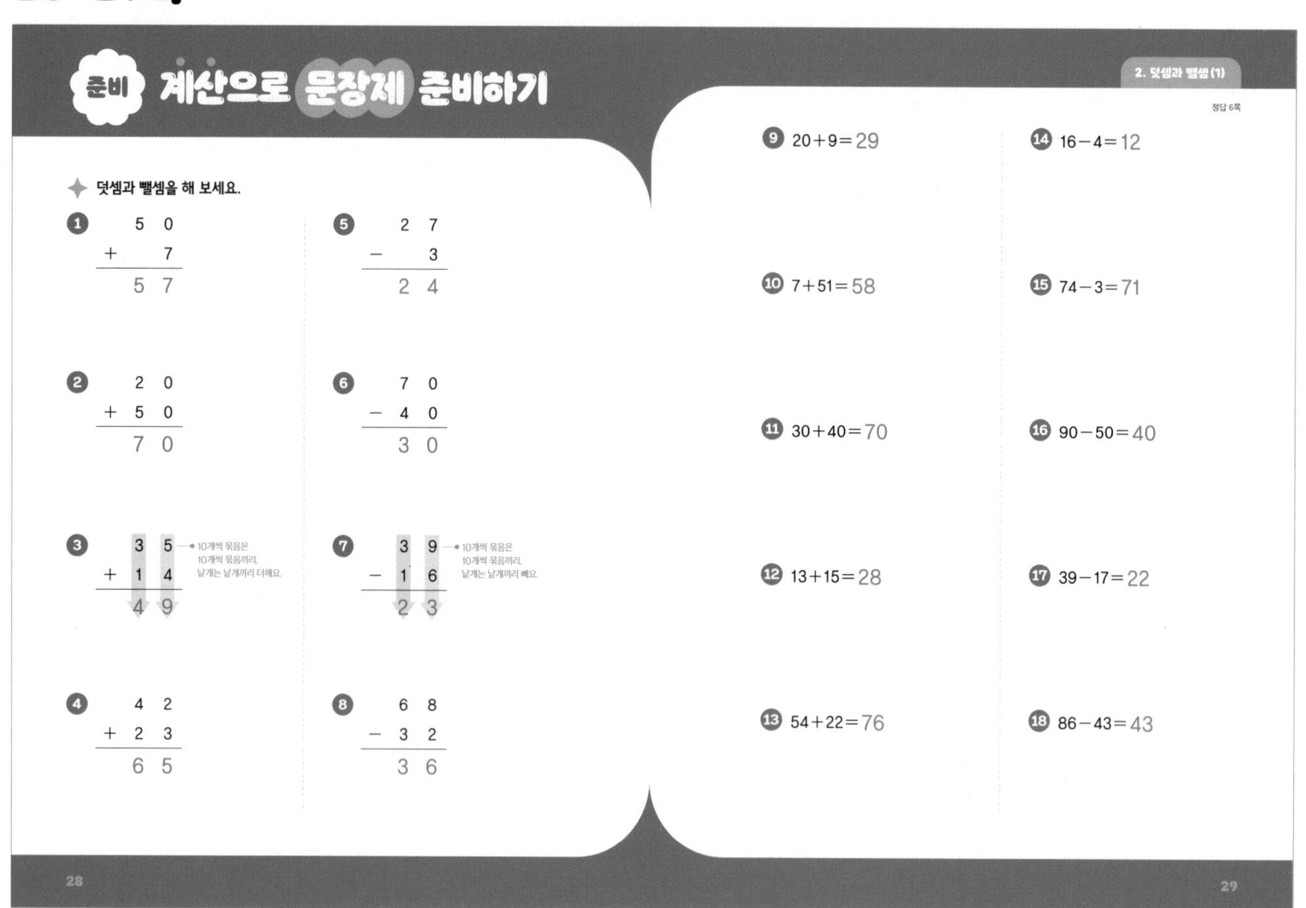

준비 계산으로 문장제 준비하기

2. 덧셈과 뺄셈 (1)

정답 6쪽

덧셈과 뺄셈을 해 보세요.

❶ 50 + 7 = 57

❷ 20 + 50 = 70

❸ 35 + 14 = 49 (10개씩 묶음은 10개씩 묶음끼리, 낱개는 낱개끼리 더해요.)

❹ 42 + 23 = 65

❺ 27 − 3 = 24

❻ 70 − 40 = 30

❼ 39 − 16 = 23 (10개씩 묶음은 10개씩 묶음끼리, 낱개는 낱개끼리 빼요.)

❽ 68 − 32 = 36

❾ 20+9=29

❿ 7+51=58

⓫ 30+40=70

⓬ 13+15=28

⓭ 54+22=76

⓮ 16−4=12

⓯ 74−3=71

⓰ 90−50=40

⓱ 39−17=22

⓲ 86−43=43

28 29

30-31쪽

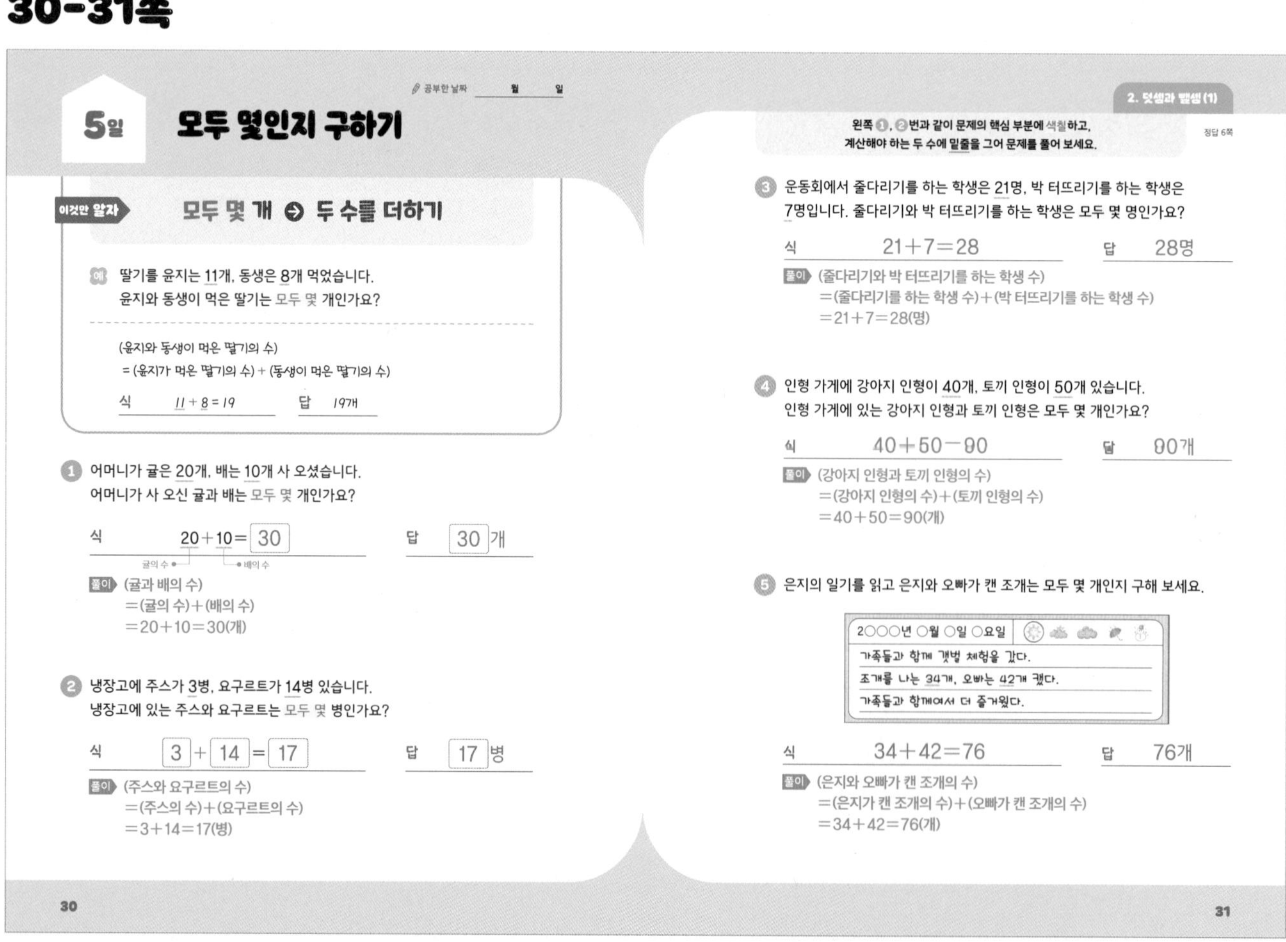

5일 모두 몇인지 구하기

공부한 날짜 월 일

2. 덧셈과 뺄셈 (1)

정답 6쪽

이것만 알자 모두 몇 개 ➔ 두 수를 더하기

예 딸기를 윤지는 11개, 동생은 8개 먹었습니다. 윤지와 동생이 먹은 딸기는 모두 몇 개인가요?

(윤지와 동생이 먹은 딸기의 수)
=(윤지가 먹은 딸기의 수)+(동생이 먹은 딸기의 수)

식 11+8=19 답 19개

❶ 어머니가 귤은 20개, 배는 10개 사 오셨습니다. 어머니가 사 오신 귤과 배는 모두 몇 개인가요?

식 20+10=30 (귤의 수, 배의 수) 답 30개

풀이 (귤과 배의 수)
=(귤의 수)+(배의 수)
=20+10=30(개)

❷ 냉장고에 주스가 3병, 요구르트가 14병 있습니다. 냉장고에 있는 주스와 요구르트는 모두 몇 병인가요?

식 3+14=17 답 17병

풀이 (주스와 요구르트의 수)
=(주스의 수)+(요구르트의 수)
=3+14=17(병)

왼쪽 ❶, ❷번과 같이 문제의 핵심 부분에 색칠하고, 계산해야 하는 두 수에 밑줄을 그어 문제를 풀어 보세요.

❸ 운동회에서 줄다리기를 하는 학생은 21명, 박 터뜨리기를 하는 학생은 7명입니다. 줄다리기와 박 터뜨리기를 하는 학생은 모두 몇 명인가요?

식 21+7=28 답 28명

풀이 (줄다리기와 박 터뜨리기를 하는 학생 수)
=(줄다리기를 하는 학생 수)+(박 터뜨리기를 하는 학생 수)
=21+7=28(명)

❹ 인형 가게에 강아지 인형이 40개, 토끼 인형이 50개 있습니다. 인형 가게에 있는 강아지 인형과 토끼 인형은 모두 몇 개인가요?

식 40+50=90 답 90개

풀이 (강아지 인형과 토끼 인형의 수)
=(강아지 인형의 수)+(토끼 인형의 수)
=40+50=90(개)

❺ 은지의 일기를 읽고 은지와 오빠가 캔 조개는 모두 몇 개인지 구해 보세요.

2○○○년 ○월 ○일 ○요일
가족들과 함께 갯벌 체험을 갔다.
조개를 나는 34개, 오빠는 42개 캤다.
가족들과 함께여서 더 즐거웠다.

식 34+42=76 답 76개

풀이 (은지와 오빠가 캔 조개의 수)
=(은지가 캔 조개의 수)+(오빠가 캔 조개의 수)
=34+42=76(개)

30 31

32-33쪽

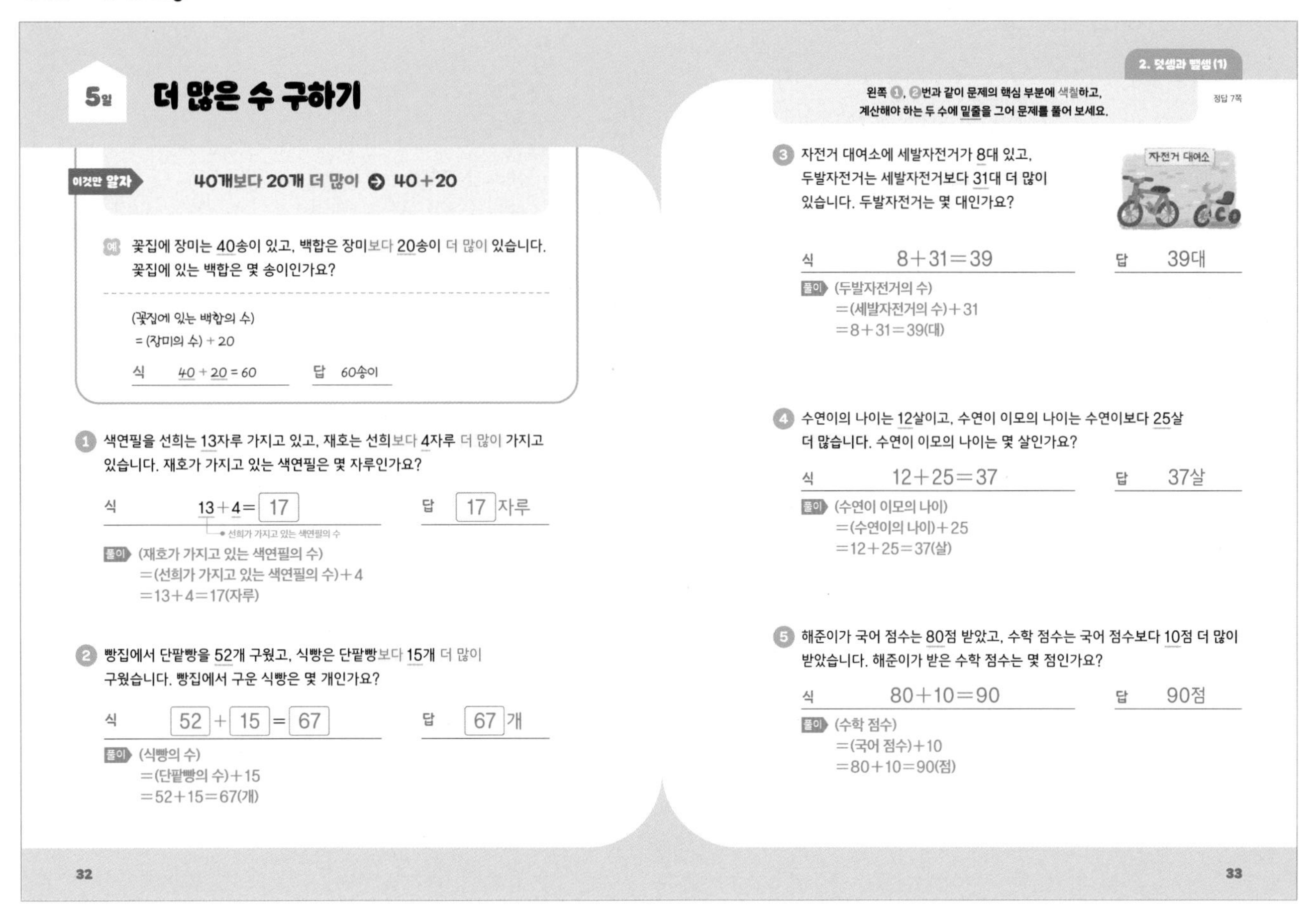

5일 **더 많은 수 구하기**

2. 덧셈과 뺄셈 (1)

이것만 알자 40개보다 20개 더 많이 ➔ 40+20

예 꽃집에 장미는 40송이 있고, 백합은 장미보다 20송이 더 많이 있습니다. 꽃집에 있는 백합은 몇 송이인가요?

(꽃집에 있는 백합의 수)
=(장미의 수)+20

식 40+20=60 답 60송이

1 색연필을 선희는 13자루 가지고 있고, 재호는 선희보다 4자루 더 많이 가지고 있습니다. 재호가 가지고 있는 색연필은 몇 자루인가요?

식 13+4=17 (선희가 가지고 있는 색연필의 수) 답 17자루

풀이 (재호가 가지고 있는 색연필의 수)
=(선희가 가지고 있는 색연필의 수)+4
=13+4=17(자루)

2 빵집에서 단팥빵을 52개 구웠고, 식빵은 단팥빵보다 15개 더 많이 구웠습니다. 빵집에서 구운 식빵은 몇 개인가요?

식 52+15=67 답 67개

풀이 (식빵의 수)
=(단팥빵의 수)+15
=52+15=67(개)

왼쪽 1, 2번과 같이 문제의 핵심 부분에 색칠하고, 계산해야 하는 두 수에 밑줄을 그어 문제를 풀어 보세요. 정답 7쪽

3 자전거 대여소에 세발자전거가 8대 있고, 두발자전거는 세발자전거보다 31대 더 많이 있습니다. 두발자전거는 몇 대인가요?

식 8+31=39 답 39대

풀이 (두발자전거의 수)
=(세발자전거의 수)+31
=8+31=39(대)

4 수연이의 나이는 12살이고, 수연이 이모의 나이는 수연이보다 25살 더 많습니다. 수연이 이모의 나이는 몇 살인가요?

식 12+25=37 답 37살

풀이 (수연이 이모의 나이)
=(수연이의 나이)+25
=12+25=37(살)

5 해준이가 국어 점수는 80점 받았고, 수학 점수는 국어 점수보다 10점 더 많이 받았습니다. 해준이가 받은 수학 점수는 몇 점인가요?

식 80+10=90 답 90점

풀이 (수학 점수)
=(국어 점수)+10
=80+10=90(점)

32 33

34-35쪽

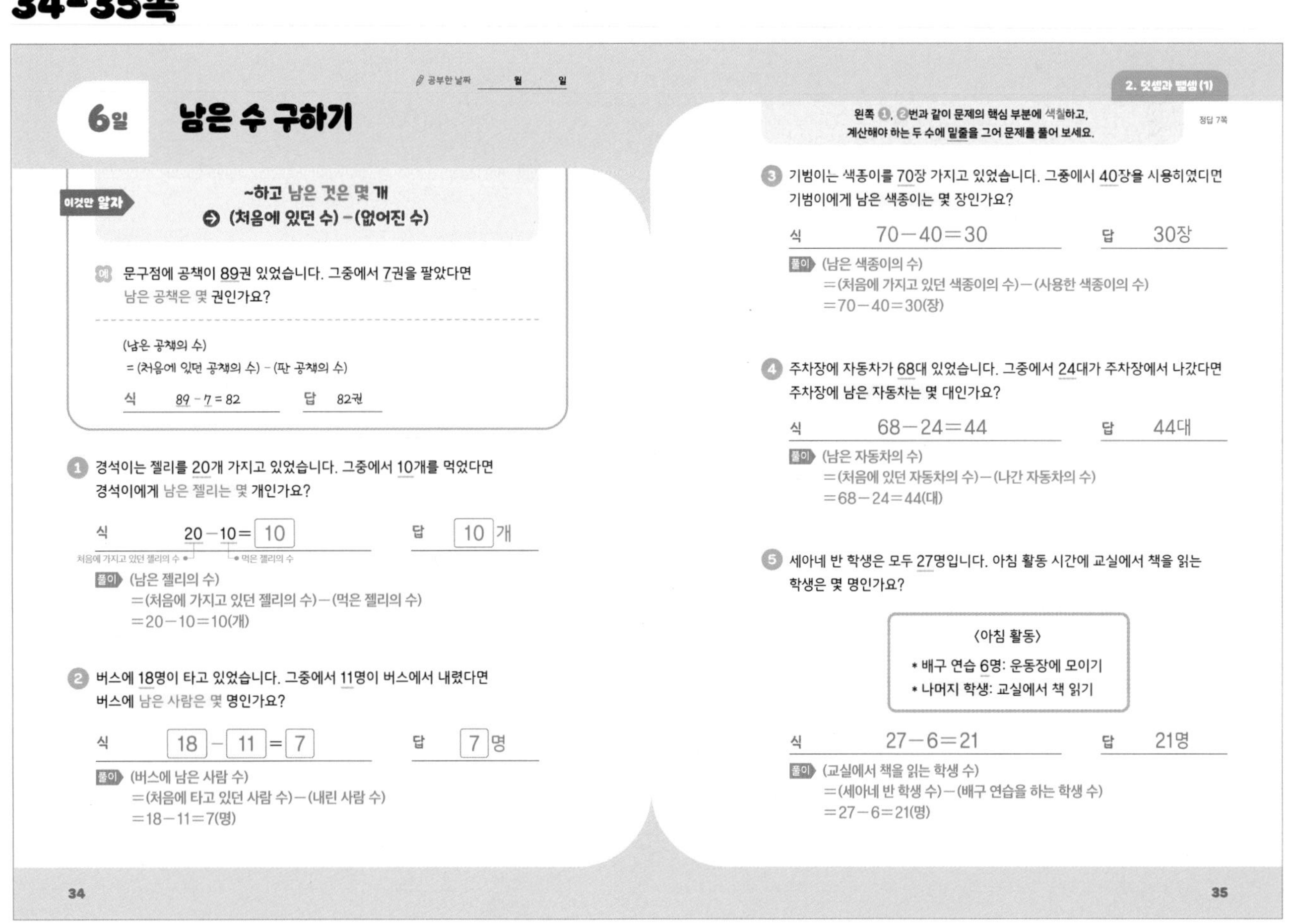

6일 **남은 수 구하기**

공부한 날짜 월 일

2. 덧셈과 뺄셈 (1)

이것만 알자 ~하고 남은 것은 몇 개
➔ (처음에 있던 수)−(없어진 수)

예 문구점에 공책이 89권 있었습니다. 그중에서 7권을 팔았다면 남은 공책은 몇 권인가요?

(남은 공책의 수)
=(처음에 있던 공책의 수)−(판 공책의 수)

식 89−7=82 답 82권

1 경석이는 젤리를 20개 가지고 있었습니다. 그중에서 10개를 먹었다면 경석이에게 남은 젤리는 몇 개인가요?

식 20−10=10 (처음에 가지고 있던 젤리의 수, 먹은 젤리의 수) 답 10개

풀이 (남은 젤리의 수)
=(처음에 가지고 있던 젤리의 수)−(먹은 젤리의 수)
=20−10=10(개)

2 버스에 18명이 타고 있었습니다. 그중에서 11명이 버스에서 내렸다면 버스에 남은 사람은 몇 명인가요?

식 18−11=7 답 7명

풀이 (버스에 남은 사람 수)
=(처음에 타고 있던 사람 수)−(내린 사람 수)
=18−11=7(명)

왼쪽 1, 2번과 같이 문제의 핵심 부분에 색칠하고, 계산해야 하는 두 수에 밑줄을 그어 문제를 풀어 보세요. 정답 7쪽

3 기범이는 색종이를 70장 가지고 있었습니다. 그중에서 40장을 사용하였다면 기범이에게 남은 색종이는 몇 장인가요?

식 70−40=30 답 30장

풀이 (남은 색종이의 수)
=(처음에 가지고 있던 색종이의 수)−(사용한 색종이의 수)
=70−40=30(장)

4 주차장에 자동차가 68대 있었습니다. 그중에서 24대가 주차장에서 나갔다면 주차장에 남은 자동차는 몇 대인가요?

식 68−24=44 답 44대

풀이 (남은 자동차의 수)
=(처음에 있던 자동차의 수)−(나간 자동차의 수)
=68−24=44(대)

5 세아네 반 학생은 모두 27명입니다. 아침 활동 시간에 교실에서 책을 읽는 학생은 몇 명인가요?

〈아침 활동〉
- 배구 연습 6명: 운동장에 모이기
- 나머지 학생: 교실에서 책 읽기

식 27−6=21 답 21명

풀이 (교실에서 책을 읽는 학생 수)
=(세아네 반 학생 수)−(배구 연습을 하는 학생 수)
=27−6=21(명)

34 35

2 덧셈과 뺄셈(1)

36-37쪽

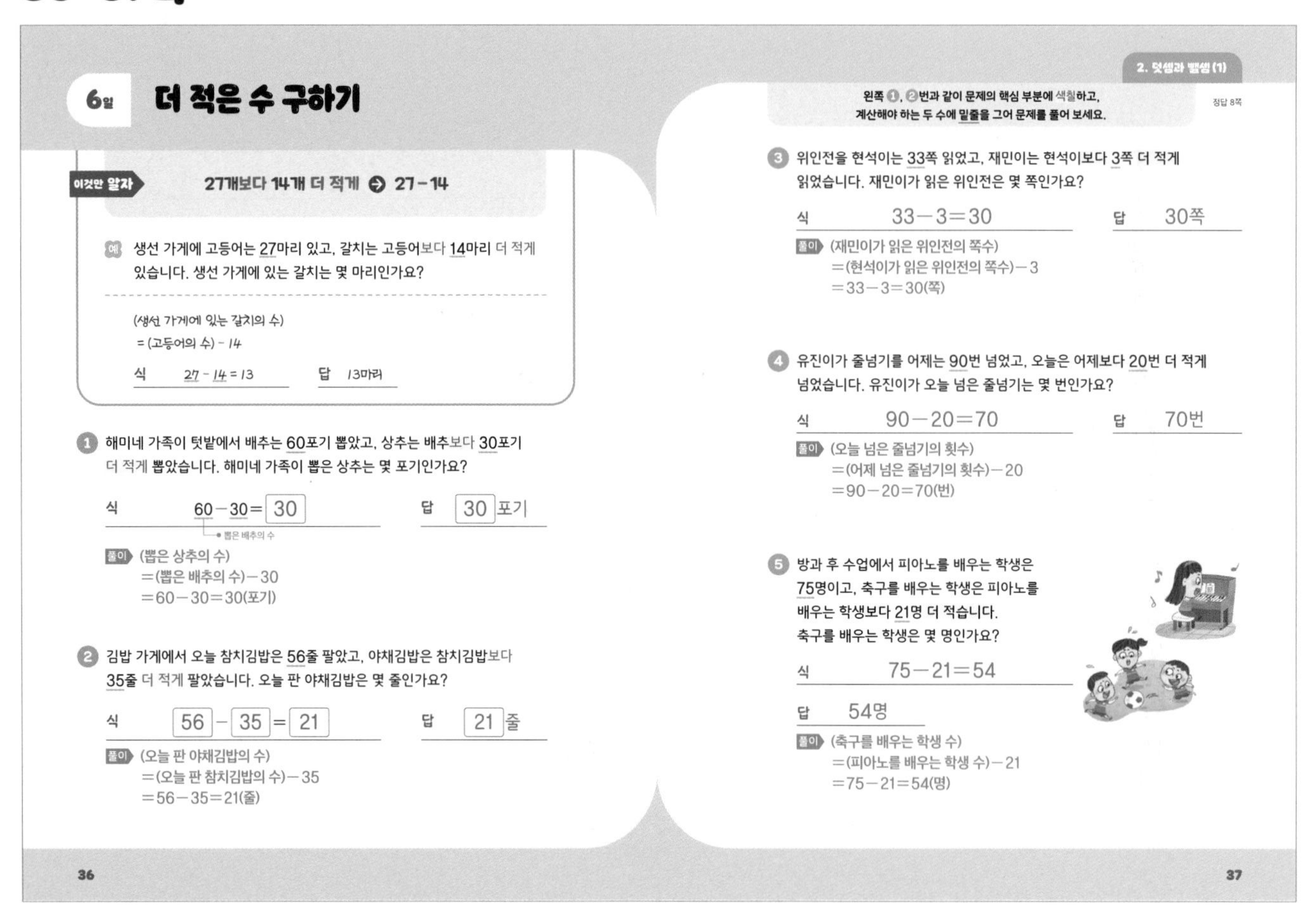

6일 **더 적은 수 구하기**

이것만 알자 27개보다 14개 더 적게 ➔ 27－14

예 생선 가게에 고등어는 27마리 있고, 갈치는 고등어보다 14마리 더 적게 있습니다. 생선 가게에 있는 갈치는 몇 마리인가요?

(생선 가게에 있는 갈치의 수)
=(고등어의 수)－14

식 27－14＝13 답 13마리

1. 해미네 가족이 텃밭에서 배추는 60포기 뽑았고, 상추는 배추보다 30포기 더 적게 뽑았습니다. 해미네 가족이 뽑은 상추는 몇 포기인가요?

식 60－30＝30 (뽑은 배추의 수) 답 30포기

풀이 (뽑은 상추의 수)
＝(뽑은 배추의 수)－30
＝60－30＝30(포기)

2. 김밥 가게에서 오늘 참치김밥은 56줄 팔았고, 야채김밥은 참치김밥보다 35줄 더 적게 팔았습니다. 오늘 판 야채김밥은 몇 줄인가요?

식 56－35＝21 답 21줄

풀이 (오늘 판 야채김밥의 수)
＝(오늘 판 참치김밥의 수)－35
＝56－35＝21(줄)

왼쪽 1, 2번과 같이 문제의 핵심 부분에 색칠하고, 계산해야 하는 두 수에 밑줄을 그어 문제를 풀어 보세요.

정답 8쪽

3. 위인전을 현석이는 33쪽 읽었고, 재민이는 현석이보다 3쪽 더 적게 읽었습니다. 재민이가 읽은 위인전은 몇 쪽인가요?

식 33－3＝30 답 30쪽

풀이 (재민이가 읽은 위인전의 쪽수)
＝(현석이가 읽은 위인전의 쪽수)－3
＝33－3＝30(쪽)

4. 유진이가 줄넘기를 어제는 90번 넘었고, 오늘은 어제보다 20번 더 적게 넘었습니다. 유진이가 오늘 넘은 줄넘기는 몇 번인가요?

식 90－20＝70 답 70번

풀이 (오늘 넘은 줄넘기의 횟수)
＝(어제 넘은 줄넘기의 횟수)－20
＝90－20＝70(번)

5. 방과 후 수업에서 피아노를 배우는 학생은 75명이고, 축구를 배우는 학생은 피아노를 배우는 학생보다 21명 더 적습니다. 축구를 배우는 학생은 몇 명인가요?

식 75－21＝54

답 54명

풀이 (축구를 배우는 학생 수)
＝(피아노를 배우는 학생 수)－21
＝75－21＝54(명)

38-39쪽

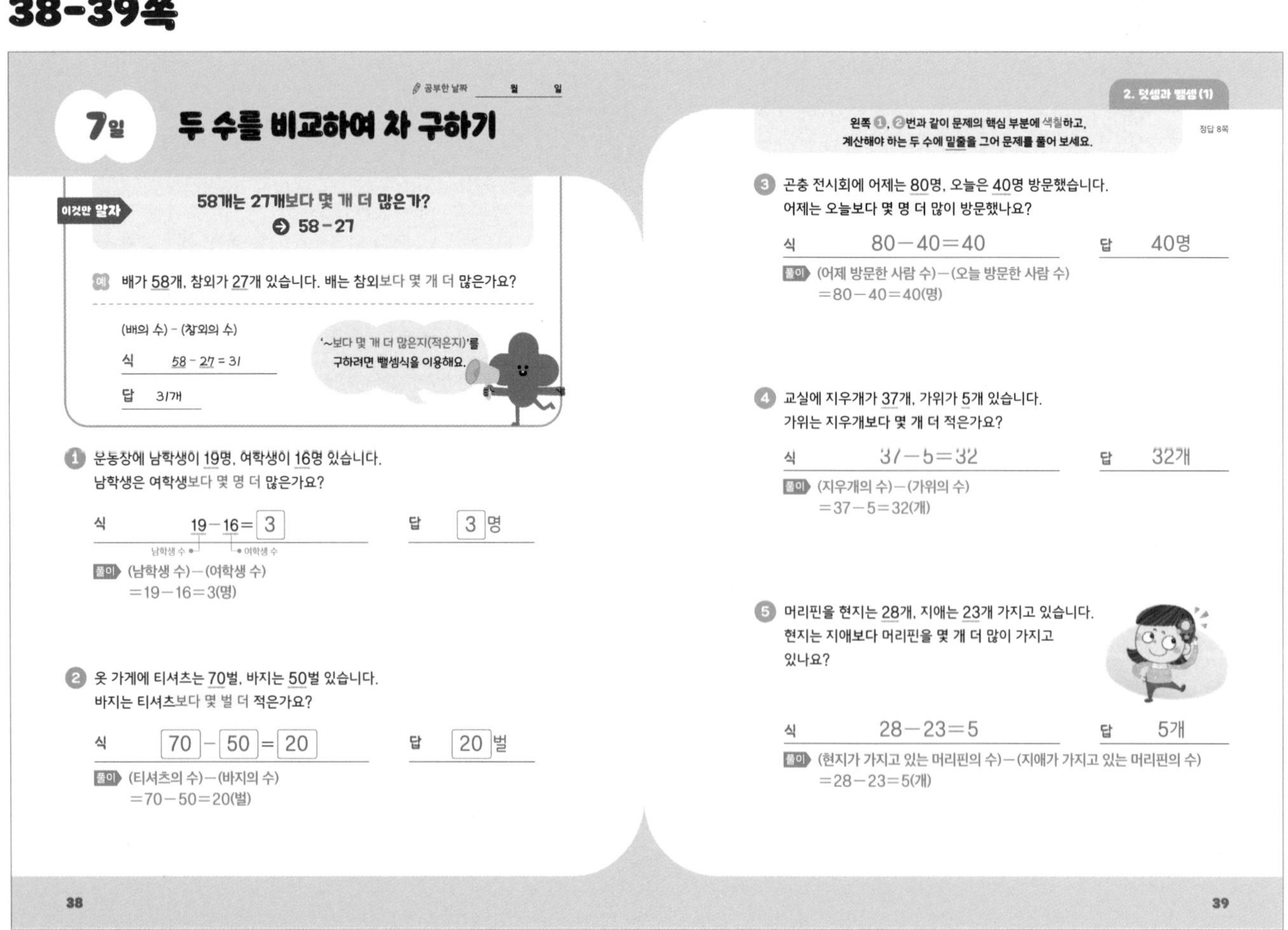

공부한 날짜 월 일

7일 **두 수를 비교하여 차 구하기**

이것만 알자 58개는 27개보다 몇 개 더 많은가? ➔ 58－27

예 배가 58개, 참외가 27개 있습니다. 배는 참외보다 몇 개 더 많은가요?

(배의 수)－(참외의 수)

식 58－27＝31

답 31개

'~보다 몇 개 더 많은지(적은지)'를 구하려면 뺄셈식을 이용해요.

1. 운동장에 남학생이 19명, 여학생이 16명 있습니다. 남학생은 여학생보다 몇 명 더 많은가요?

식 19－16＝3 (남학생 수, 여학생 수) 답 3명

풀이 (남학생 수)－(여학생 수)
＝19－16＝3(명)

2. 옷 가게에 티셔츠는 70벌, 바지는 50벌 있습니다. 바지는 티셔츠보다 몇 벌 더 적은가요?

식 70－50＝20 답 20벌

풀이 (티셔츠의 수)－(바지의 수)
＝70－50＝20(벌)

왼쪽 1, 2번과 같이 문제의 핵심 부분에 색칠하고, 계산해야 하는 두 수에 밑줄을 그어 문제를 풀어 보세요.

정답 8쪽

3. 곤충 전시회에 어제는 80명, 오늘은 40명 방문했습니다. 어제는 오늘보다 몇 명 더 많이 방문했나요?

식 80－40＝40 답 40명

풀이 (어제 방문한 사람 수)－(오늘 방문한 사람 수)
＝80－40＝40(명)

4. 교실에 지우개가 37개, 가위가 5개 있습니다. 가위는 지우개보다 몇 개 더 적은가요?

식 37－5＝32 답 32개

풀이 (지우개의 수)－(가위의 수)
＝37－5＝32(개)

5. 머리핀을 현지는 28개, 지애는 23개 가지고 있습니다. 현지는 지애보다 머리핀을 몇 개 더 많이 가지고 있나요?

식 28－23＝5 답 5개

풀이 (현지가 가지고 있는 머리핀의 수)－(지애가 가지고 있는 머리핀의 수)
＝28－23＝5(개)

40-41쪽

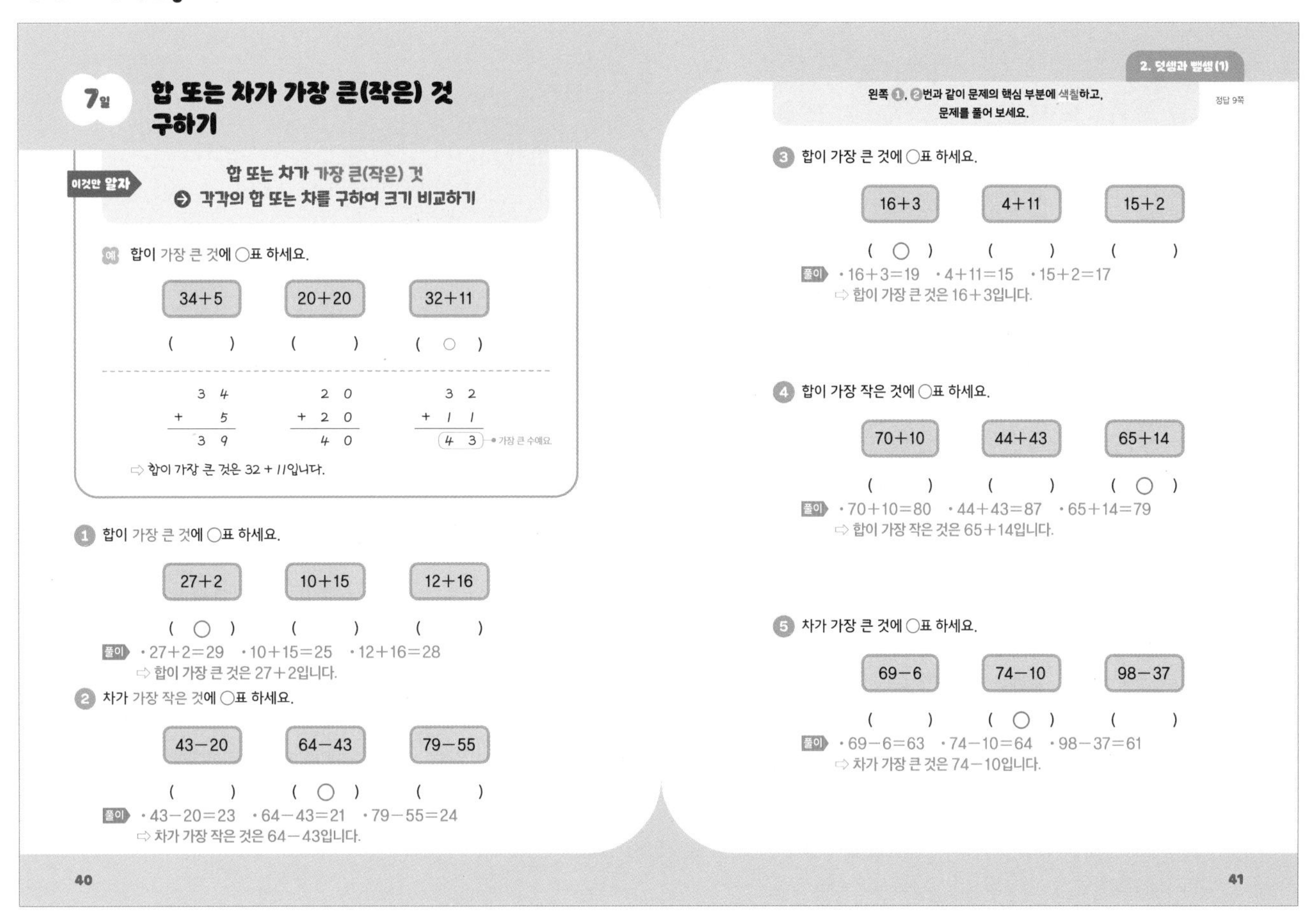

2. 덧셈과 뺄셈 (1)

정답 9쪽

7일 합 또는 차가 가장 큰(작은) 것 구하기

이것만 알자 합 또는 차가 가장 큰(작은) 것
➔ 각각의 합 또는 차를 구하여 크기 비교하기

예 합이 가장 큰 것에 ○표 하세요.

34+5 ( ) 20+20 ( ) 32+11 (○)

34+5=39, 20+20=40, 32+11=43 ← 가장 큰 수예요.

⇨ 합이 가장 큰 것은 32+11입니다.

1 합이 가장 큰 것에 ○표 하세요.

27+2 (○) 10+15 ( ) 12+16 ( )

풀이 • 27+2=29 • 10+15=25 • 12+16=28
⇨ 합이 가장 큰 것은 27+2입니다.

2 차가 가장 작은 것에 ○표 하세요.

43−20 ( ) 64−43 (○) 79−55 ( )

풀이 • 43−20=23 • 64−43=21 • 79−55=24
⇨ 차가 가장 작은 것은 64−43입니다.

왼쪽 1, 2번과 같이 문제의 핵심 부분에 색칠하고, 문제를 풀어 보세요.

3 합이 가장 큰 것에 ○표 하세요.

16+3 (○) 4+11 ( ) 15+2 ( )

풀이 • 16+3=19 • 4+11=15 • 15+2=17
⇨ 합이 가장 큰 것은 16+3입니다.

4 합이 가장 작은 것에 ○표 하세요.

70+10 ( ) 44+43 ( ) 65+14 (○)

풀이 • 70+10=80 • 44+43=87 • 65+14=79
⇨ 합이 가장 작은 것은 65+14입니다.

5 차가 가장 큰 것에 ○표 하세요.

69−6 ( ) 74−10 (○) 98−37 ( )

풀이 • 69−6=63 • 74−10=64 • 98−37=61
⇨ 차가 가장 큰 것은 74−10입니다.

40 41

42-43쪽

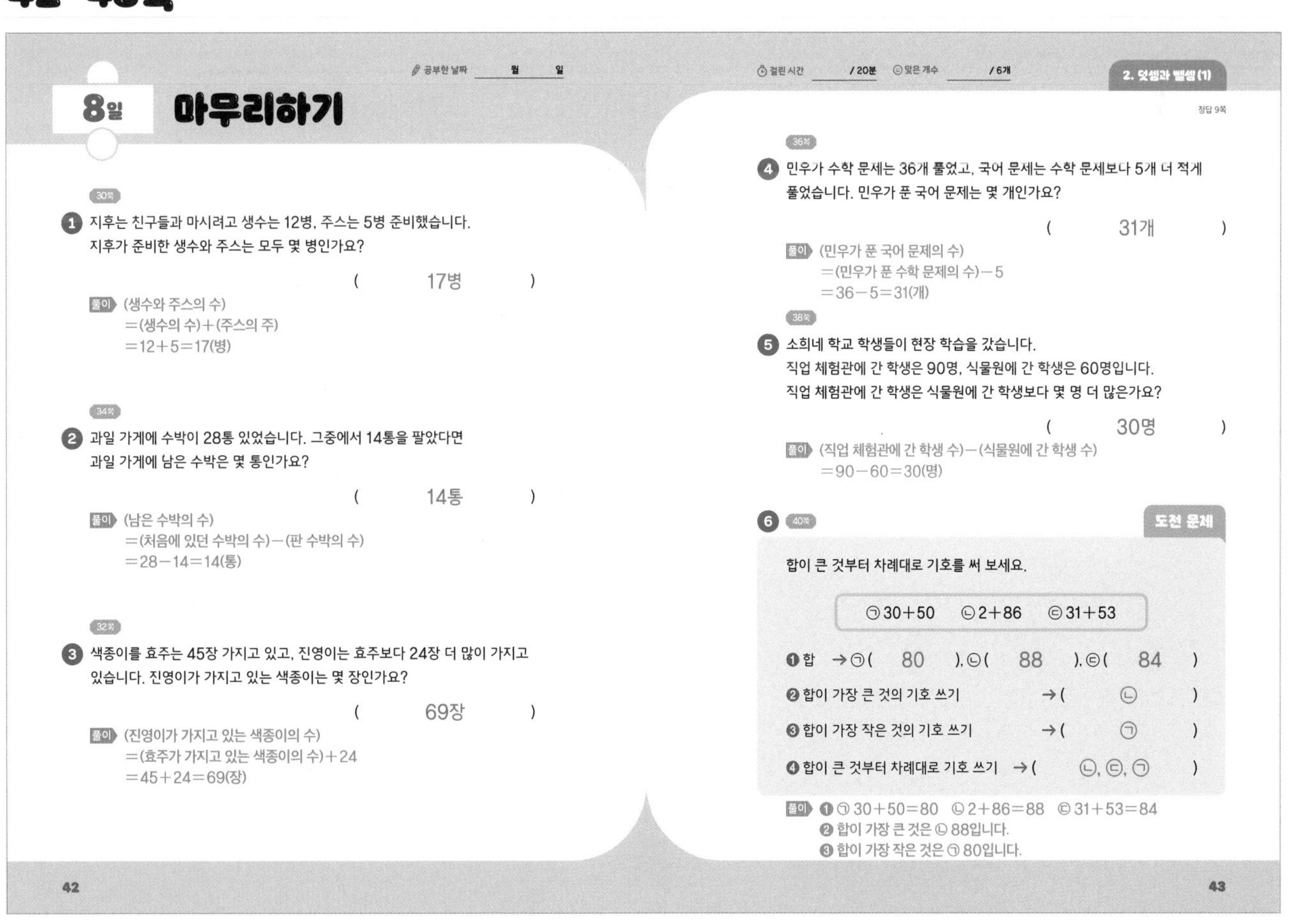

공부한 날짜 월 일 걸린 시간 /20분 맞은 개수 /6개

2. 덧셈과 뺄셈 (1)

정답 9쪽

8일 마무리하기

30쪽
1 지후는 친구들과 마시려고 생수는 12병, 주스는 5병 준비했습니다. 지후가 준비한 생수와 주스는 모두 몇 병인가요?

(17병)

풀이 (생수와 주스의 수)
=(생수의 수)+(주스의 수)
=12+5=17(병)

34쪽
2 과일 가게에 수박이 28통 있었습니다. 그중에서 14통을 팔았다면 과일 가게에 남은 수박은 몇 통인가요?

(14통)

풀이 (남은 수박의 수)
=(처음에 있던 수박의 수)−(판 수박의 수)
=28−14=14(통)

32쪽
3 색종이를 효주는 45장 가지고 있고, 진영이는 효주보다 24장 더 많이 가지고 있습니다. 진영이가 가지고 있는 색종이는 몇 장인가요?

(69장)

풀이 (진영이가 가지고 있는 색종이의 수)
=(효주가 가지고 있는 색종이의 수)+24
=45+24=69(장)

36쪽
4 민우가 수학 문제는 36개 풀었고, 국어 문제는 수학 문제보다 5개 더 적게 풀었습니다. 민우가 푼 국어 문제는 몇 개인가요?

(31개)

풀이 (민우가 푼 국어 문제의 수)
=(민우가 푼 수학 문제의 수)−5
=36−5=31(개)

38쪽
5 소희네 학교 학생들이 현장 학습을 갔습니다. 직업 체험관에 간 학생은 90명, 식물원에 간 학생은 60명입니다. 직업 체험관에 간 학생은 식물원에 간 학생보다 몇 명 더 많은가요?

(30명)

풀이 (직업 체험관에 간 학생 수)−(식물원에 간 학생 수)
=90−60=30(명)

6 40쪽 **도전 문제**

합이 큰 것부터 차례대로 기호를 써 보세요.

㉠ 30+50 ㉡ 2+86 ㉢ 31+53

❶ 합 → ㉠ (80), ㉡ (88), ㉢ (84)
❷ 합이 가장 큰 것의 기호 쓰기 → (㉡)
❸ 합이 가장 작은 것의 기호 쓰기 → (㉠)
❹ 합이 큰 것부터 차례대로 기호 쓰기 → (㉡, ㉢, ㉠)

풀이 ❶ ㉠ 30+50=80 ㉡ 2+86=88 ㉢ 31+53=84
❷ 합이 가장 큰 것은 ㉡ 88입니다.
❸ 합이 가장 작은 것은 ㉠ 80입니다.

42 43

3 여러 가지 모양

46-47쪽

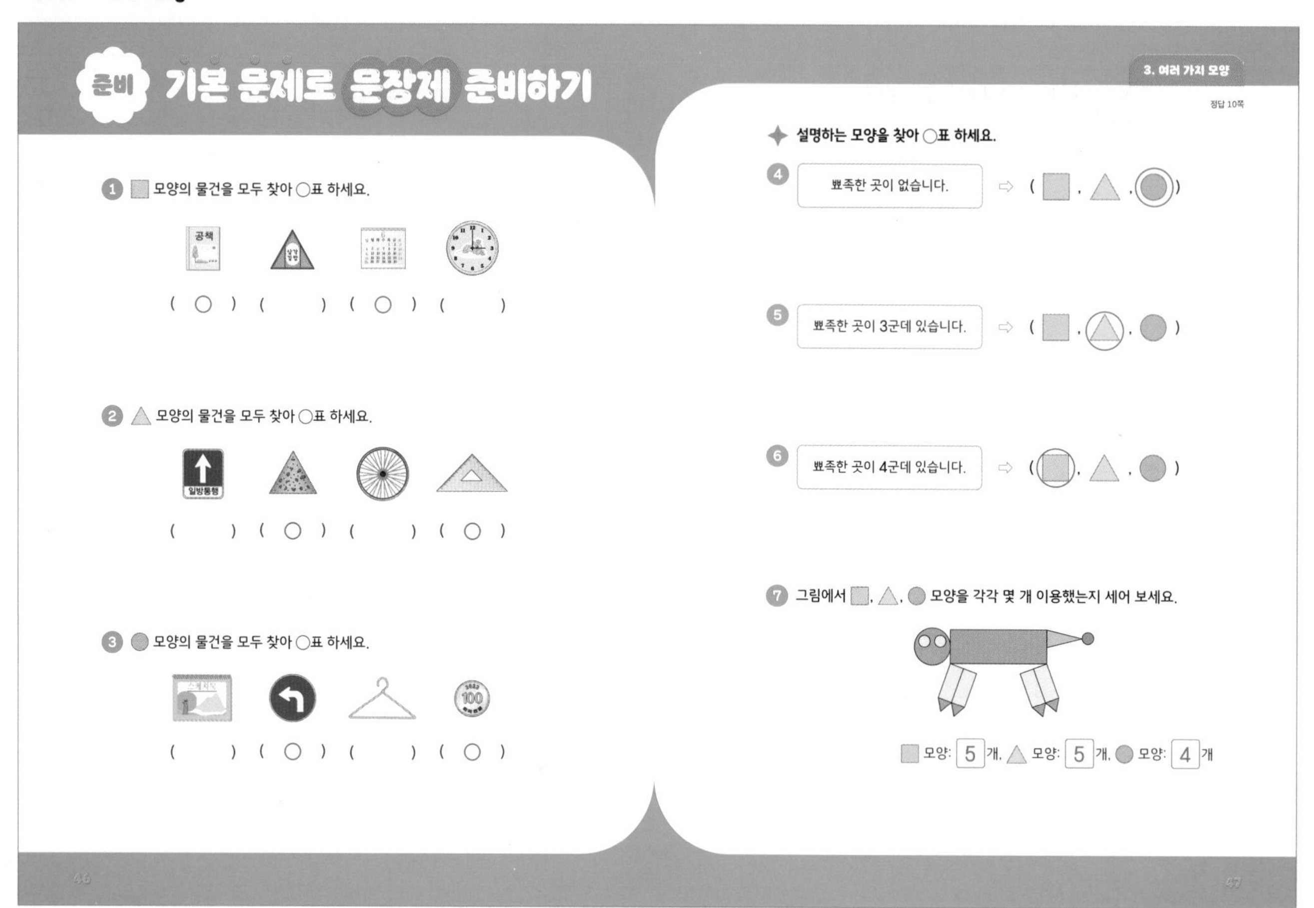

준비 기본 문제로 문장제 준비하기

3. 여러 가지 모양

정답 10쪽

1 ▢ 모양의 물건을 모두 찾아 ○표 하세요.

(○) (   ) (○) (   )

2 △ 모양의 물건을 모두 찾아 ○표 하세요.

(   ) (○) (   ) (○)

3 ○ 모양의 물건을 모두 찾아 ○표 하세요.

(   ) (○) (   ) (○)

✦ 설명하는 모양을 찾아 ○표 하세요.

4 뾰족한 곳이 없습니다. ⇨ (▢ , △ , ◎)

5 뾰족한 곳이 3군데 있습니다. ⇨ (▢ , ◎△ , ○)

6 뾰족한 곳이 4군데 있습니다. ⇨ (◎▢ , △ , ○)

7 그림에서 ▢, △, ○ 모양을 각각 몇 개 이용했는지 세어 보세요.

▢ 모양: 5 개, △ 모양: 5 개, ○ 모양: 4 개

48-49쪽

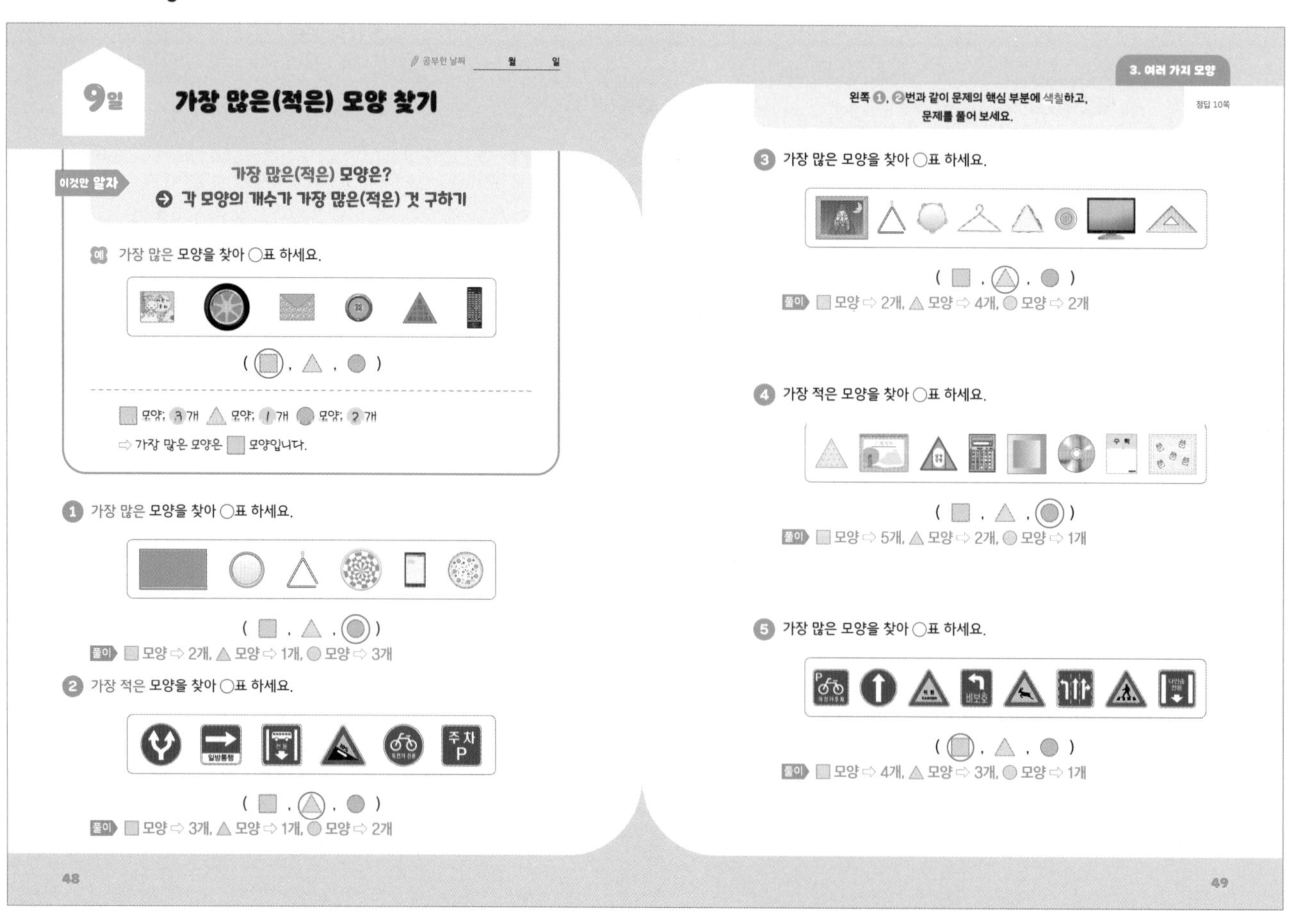

9일 가장 많은(적은) 모양 찾기

공부한 날짜 월 일

3. 여러 가지 모양

정답 10쪽

이것만 알자 가장 많은(적은) 모양은?
➔ 각 모양의 개수가 가장 많은(적은) 것 구하기

예 가장 많은 모양을 찾아 ○표 하세요.

(◎▢ , △ , ○)

▢ 모양: 3개 △ 모양: 1개 ○ 모양: 2개
⇨ 가장 많은 모양은 ▢ 모양입니다.

1 가장 많은 모양을 찾아 ○표 하세요.

(▢ , △ , ◎)

풀이 ▢ 모양 ⇨ 2개, △ 모양 ⇨ 1개, ○ 모양 ⇨ 3개

2 가장 적은 모양을 찾아 ○표 하세요.

(▢ , ◎△ , ○)

풀이 ▢ 모양 ⇨ 3개, △ 모양 ⇨ 1개, ○ 모양 ⇨ 2개

왼쪽 1, 2번과 같이 문제의 핵심 부분에 색칠하고, 문제를 풀어 보세요.

3 가장 많은 모양을 찾아 ○표 하세요.

(▢ , ◎△ , ○)

풀이 ▢ 모양 ⇨ 2개, △ 모양 ⇨ 4개, ○ 모양 ⇨ 2개

4 가장 적은 모양을 찾아 ○표 하세요.

(▢ , △ , ◎)

풀이 ▢ 모양 ⇨ 5개, △ 모양 ⇨ 2개, ○ 모양 ⇨ 1개

5 가장 많은 모양을 찾아 ○표 하세요.

(◎▢ , △ , ○)

풀이 ▢ 모양 ⇨ 4개, △ 모양 ⇨ 3개, ○ 모양 ⇨ 1개

50-51쪽

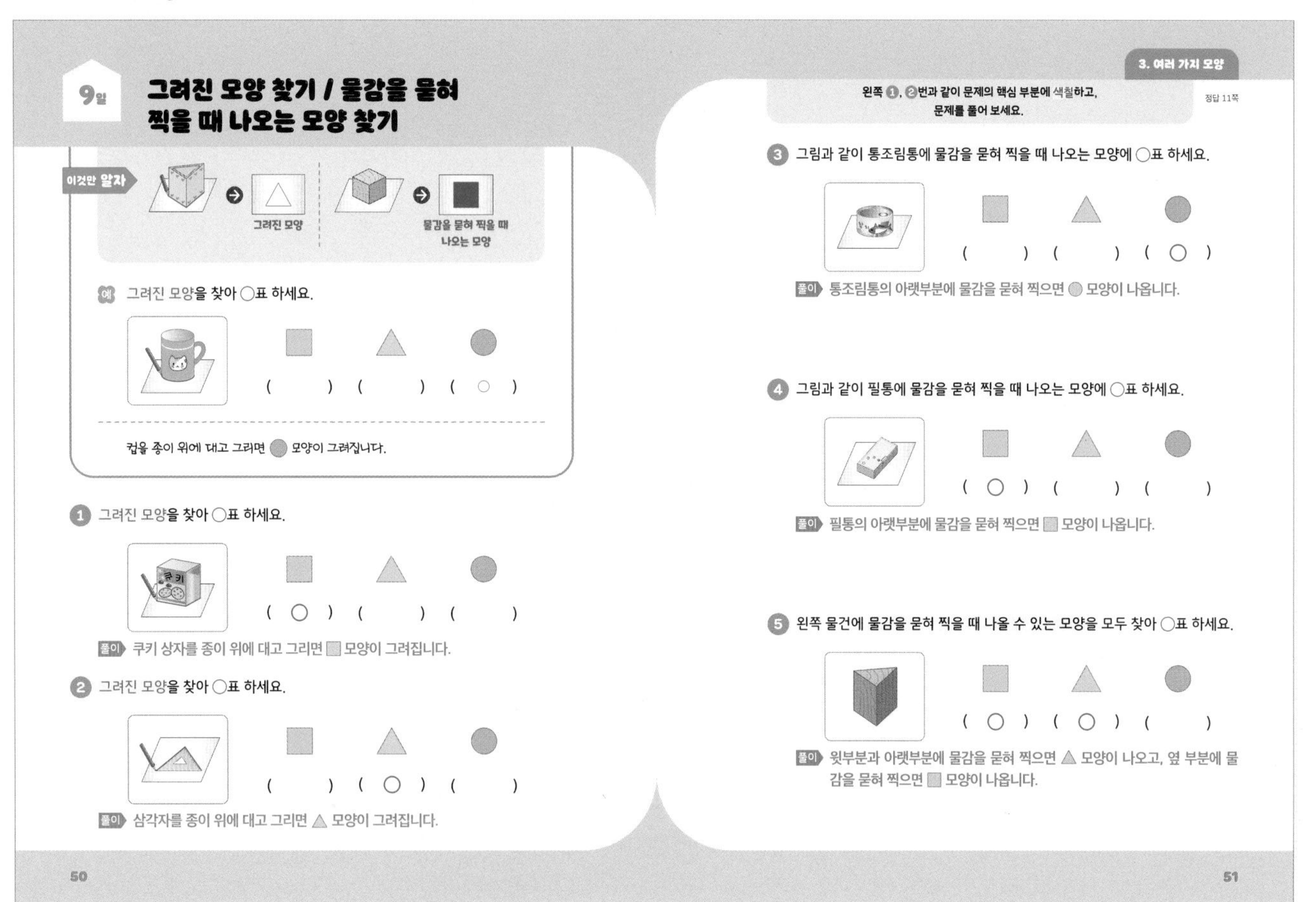

9일 그려진 모양 찾기 / 물감을 묻혀 찍을 때 나오는 모양 찾기

이것만 알자

그려진 모양

물감을 묻혀 찍을 때 나오는 모양

예 그려진 모양을 찾아 ○표 하세요.

( ) ( ) (○)

컵을 종이 위에 대고 그리면 ● 모양이 그려집니다.

1 그려진 모양을 찾아 ○표 하세요.

(○) ( ) ( )

풀이 쿠키 상자를 종이 위에 대고 그리면 ■ 모양이 그려집니다.

2 그려진 모양을 찾아 ○표 하세요.

( ) (○) ( )

풀이 삼각자를 종이 위에 대고 그리면 ▲ 모양이 그려집니다.

3. 여러 가지 모양

왼쪽 1, 2번과 같이 문제의 핵심 부분에 색칠하고, 문제를 풀어 보세요.

정답 11쪽

3 그림과 같이 통조림통에 물감을 묻혀 찍을 때 나오는 모양에 ○표 하세요.

( ) ( ) (○)

풀이 통조림통의 아랫부분에 물감을 묻혀 찍으면 ● 모양이 나옵니다.

4 그림과 같이 필통에 물감을 묻혀 찍을 때 나오는 모양에 ○표 하세요.

(○) ( ) ( )

풀이 필통의 아랫부분에 물감을 묻혀 찍으면 ■ 모양이 나옵니다.

5 왼쪽 물건에 물감을 묻혀 찍을 때 나올 수 있는 모양을 모두 찾아 ○표 하세요.

(○) (○) ( )

풀이 윗부분과 아랫부분에 물감을 묻혀 찍으면 ▲ 모양이 나오고, 옆 부분에 물감을 묻혀 찍으면 ■ 모양이 나옵니다.

50 51

52-53쪽

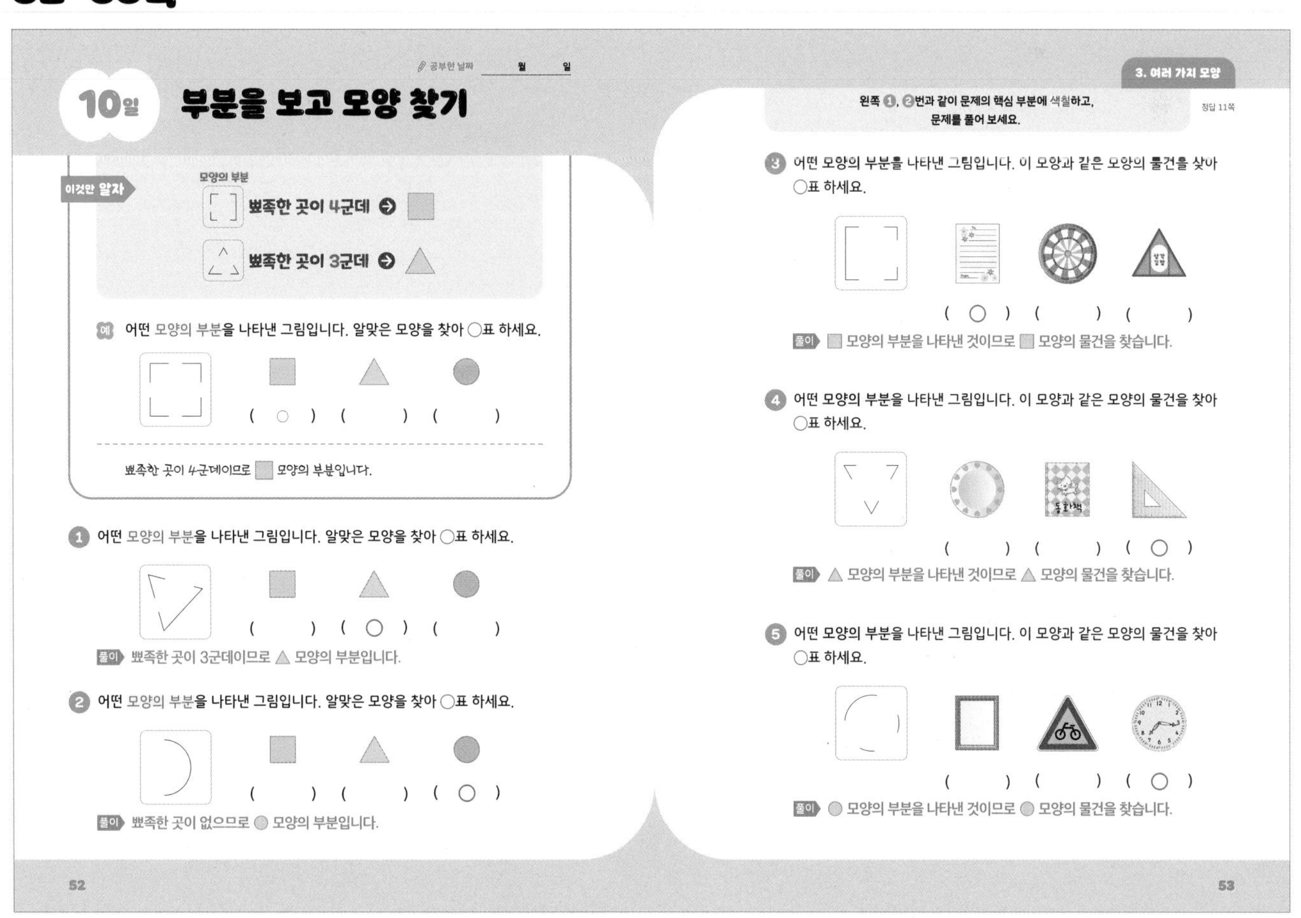

공부한 날짜 월 일

10일 부분을 보고 모양 찾기

이것만 알자

모양의 부분

뾰족한 곳이 4군데 ➔ ■

뾰족한 곳이 3군데 ➔ ▲

예 어떤 모양의 부분을 나타낸 그림입니다. 알맞은 모양을 찾아 ○표 하세요.

(○) ( ) ( )

뾰족한 곳이 4군데이므로 ■ 모양의 부분입니다.

1 어떤 모양의 부분을 나타낸 그림입니다. 알맞은 모양을 찾아 ○표 하세요.

( ) (○) ( )

풀이 뾰족한 곳이 3군데이므로 ▲ 모양의 부분입니다.

2 어떤 모양의 부분을 나타낸 그림입니다. 알맞은 모양을 찾아 ○표 하세요.

( ) ( ) (○)

풀이 뾰족한 곳이 없으므로 ● 모양의 부분입니다.

3. 여러 가지 모양

왼쪽 1, 2번과 같이 문제의 핵심 부분에 색칠하고, 문제를 풀어 보세요.

정답 11쪽

3 어떤 모양의 부분을 나타낸 그림입니다. 이 모양과 같은 모양의 물건을 찾아 ○표 하세요.

(○) ( ) ( )

풀이 ■ 모양의 부분을 나타낸 것이므로 ■ 모양의 물건을 찾습니다.

4 어떤 모양의 부분을 나타낸 그림입니다. 이 모양과 같은 모양의 물건을 찾아 ○표 하세요.

( ) ( ) (○)

풀이 ▲ 모양의 부분을 나타낸 것이므로 ▲ 모양의 물건을 찾습니다.

5 어떤 모양의 부분을 나타낸 그림입니다. 이 모양과 같은 모양의 물건을 찾아 ○표 하세요.

( ) ( ) (○)

풀이 ● 모양의 부분을 나타낸 것이므로 ● 모양의 물건을 찾습니다.

52 53

3 여러 가지 모양

54-55쪽

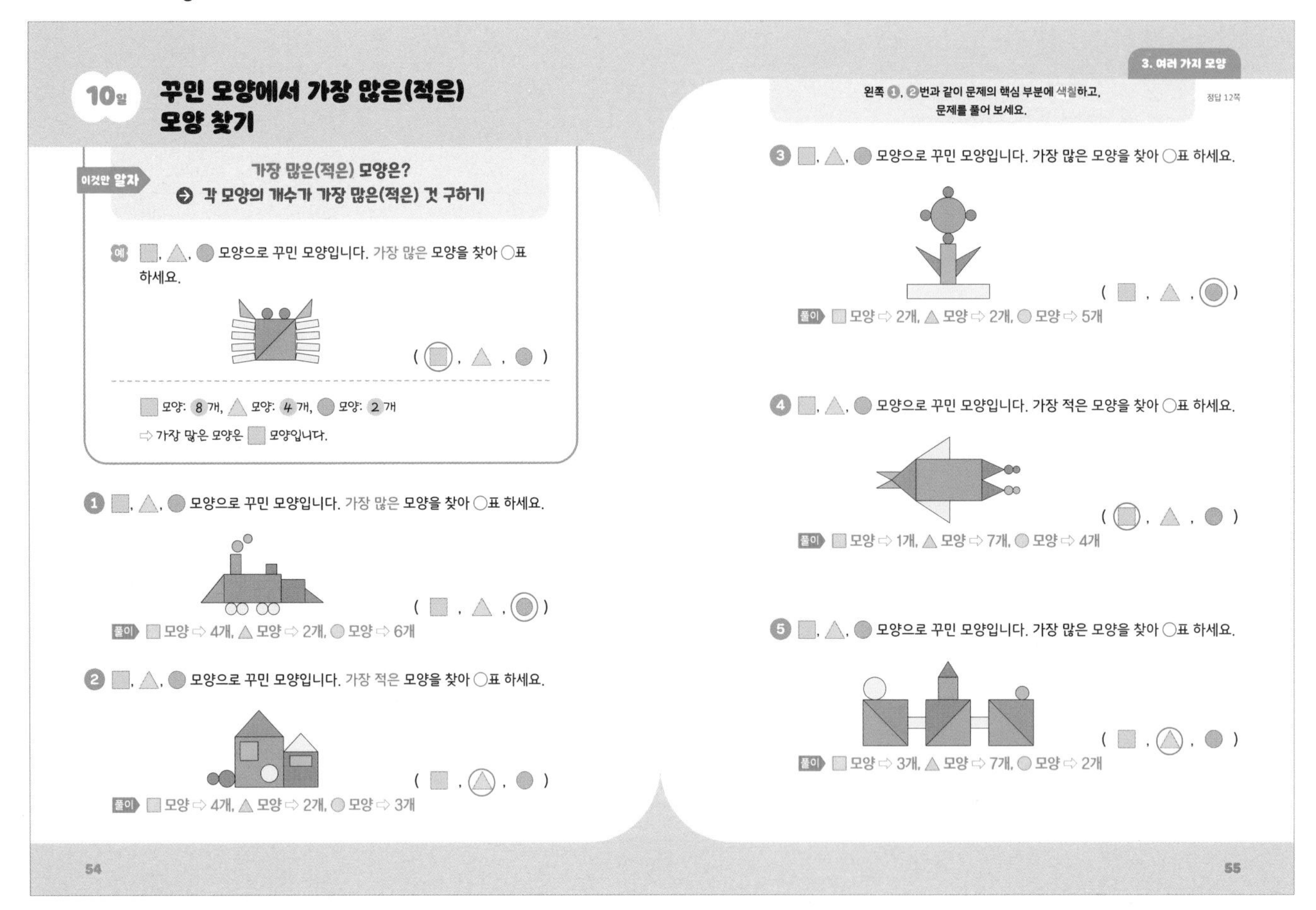

56-57쪽

4 덧셈과 뺄셈(2)

60-61쪽

준비 계산으로 문장제 준비하기

4. 덧셈과 뺄셈(2)

정답 13쪽

□ 안에 알맞은 수를 써넣으세요.

1. 3+ 7 =10 (3과 더해서 10이 되는 수를 알아봐요.)
2. 6 +4=10
3. 2+ 8 =10
4. 9 +1=10
5. 5+ 5 =10
6. 10−1= 9 (○10개 중 1개를 빼면 ○가 몇 개 남는지 알아봐요.)
7. 10−7= 3
8. 10−6= 4
9. 10−5= 5
10. 10−2= 8

계산해 보세요.

11. 1+5+2=8
12. 3+2+4=9
13. 6+1+1=8
14. 7+3+2=12
15. 4+3+6=13
16. 7−2−1=4
17. 8−3−2=3
18. 9−5−3=1
19. 10−5−2=3
20. 10−2−3=5

60 61

62-63쪽

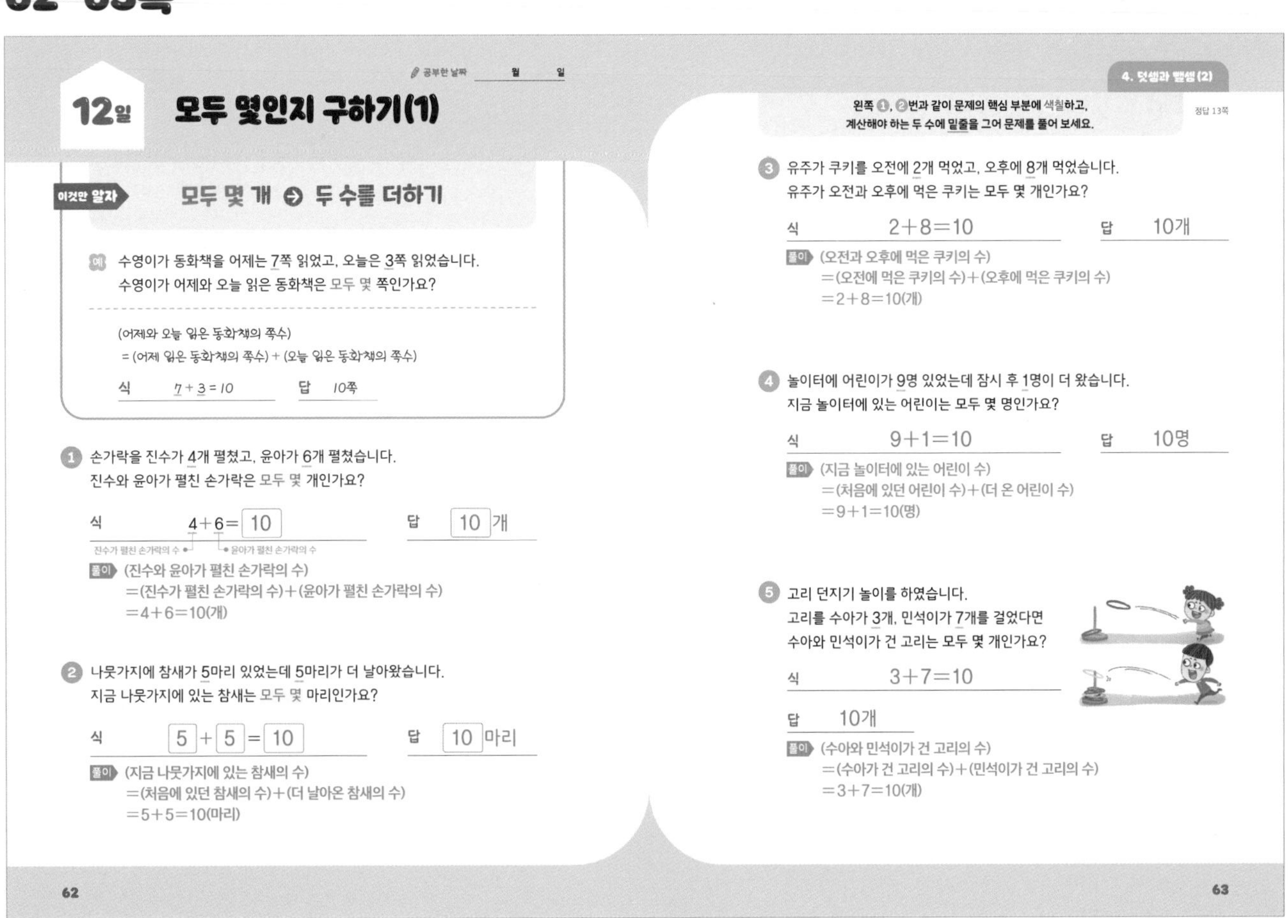

12일 모두 몇인지 구하기(1)

공부한 날짜 월 일

4. 덧셈과 뺄셈(2)

정답 13쪽

이것만 알자 모두 몇 개 ➔ 두 수를 더하기

예 수영이가 동화책을 어제는 7쪽 읽었고, 오늘은 3쪽 읽었습니다. 수영이가 어제와 오늘 읽은 동화책은 모두 몇 쪽인가요?

(어제와 오늘 읽은 동화책의 쪽수)
=(어제 읽은 동화책의 쪽수)+(오늘 읽은 동화책의 쪽수)

식 7+3=10 답 10쪽

1. 손가락을 진수가 4개 펼쳤고, 윤아가 6개 펼쳤습니다. 진수와 윤아가 펼친 손가락은 모두 몇 개인가요?

식 4+6= 10 (진수가 펼친 손가락의 수, 윤아가 펼친 손가락의 수) 답 10 개

풀이 (진수와 윤아가 펼친 손가락의 수)
=(진수가 펼친 손가락의 수)+(윤아가 펼친 손가락의 수)
=4+6=10(개)

2. 나뭇가지에 참새가 5마리 있었는데 5마리가 더 날아왔습니다. 지금 나뭇가지에 있는 참새는 모두 몇 마리인가요?

식 5 + 5 = 10 답 10 마리

풀이 (지금 나뭇가지에 있는 참새의 수)
=(처음에 있던 참새의 수)+(더 날아온 참새의 수)
=5+5=10(마리)

왼쪽 1, 2번과 같이 문제의 핵심 부분에 색칠하고, 계산해야 하는 두 수에 밑줄을 그어 문제를 풀어 보세요.

3. 유주가 쿠키를 오전에 2개 먹었고, 오후에 8개 먹었습니다. 유주가 오전과 오후에 먹은 쿠키는 모두 몇 개인가요?

식 2+8=10 답 10개

풀이 (오전과 오후에 먹은 쿠키의 수)
=(오전에 먹은 쿠키의 수)+(오후에 먹은 쿠키의 수)
=2+8=10(개)

4. 놀이터에 어린이가 9명 있었는데 잠시 후 1명이 더 왔습니다. 지금 놀이터에 있는 어린이는 모두 몇 명인가요?

식 9+1=10 답 10명

풀이 (지금 놀이터에 있는 어린이 수)
=(처음에 있던 어린이 수)+(더 온 어린이 수)
=9+1=10(명)

5. 고리 던지기 놀이를 하였습니다. 고리를 수아가 3개, 민석이가 7개를 걸었다면 수아와 민석이가 건 고리는 모두 몇 개인가요?

식 3+7=10

답 10개

풀이 (수아와 민석이가 건 고리의 수)
=(수아가 건 고리의 수)+(민석이가 건 고리의 수)
=3+7=10(개)

62 63

4 덧셈과 뺄셈(2)

64-65쪽

12일 남은 수 구하기(1)

이것만 알자
~하고 남은 것은 몇 개
➔ (처음에 있던 수)−(없어진 수)

예 초콜릿이 10개 있었습니다. 그중에서 준기가 4개를 먹었다면 남은 초콜릿은 몇 개인가요?

(남은 초콜릿의 수)
=(처음에 있던 초콜릿의 수)−(먹은 초콜릿의 수)

식 10−4=6 답 6개

1 색종이가 10장 있었습니다. 그중에서 현지가 5장을 사용했다면 남은 색종이는 몇 장인가요?

식 10−5=5 답 5장

처음에 있던 색종이의 수, 사용한 색종이의 수

풀이 (남은 색종이의 수)
=(처음에 있던 색종이의 수)−(사용한 색종이의 수)
=10−5=5(장)

2 학급 문고에 동화책이 10권 있었습니다. 그중에서 학생들이 8권을 빌려갔다면 남은 동화책은 몇 권인가요?

식 10−8=2 답 2권

풀이 (남은 동화책의 수)
=(처음에 있던 동화책의 수)−(빌려간 동화책의 수)
=10−8=2(권)

왼쪽 1, 2번과 같이 문제의 핵심 부분에 색칠하고, 계산해야 하는 두 수에 밑줄을 그어 문제를 풀어 보세요.

정답 14쪽

3 지은이에게 풍선이 10개 있었습니다. 그중에서 1개가 터졌다면 남은 풍선은 몇 개인가요?

식 10−1=9 답 9개

풀이 (남은 풍선의 수)
=(처음에 있던 풍선의 수)−(터진 풍선의 수)
=10−1=9(개)

4 교실에 학생이 10명 있었습니다. 그중에서 3명이 교실 밖으로 나갔다면 교실에 남은 학생은 몇 명인가요?

식 10−3=7 답 7명

풀이 (남은 학생 수)
=(처음에 있던 학생 수)−(나간 학생 수)
=10−3=7(명)

5 정희는 카네이션을 10송이 가지고 있었습니다. 그중에서 2송이를 부모님께 드렸다면 남은 카네이션은 몇 송이인가요?

식 10−2=8

답 8송이

풀이 (남은 카네이션의 수)
=(처음에 가지고 있던 카네이션의 수)−(부모님께 드린 카네이션의 수)
=10−2=8(송이)

66-67쪽

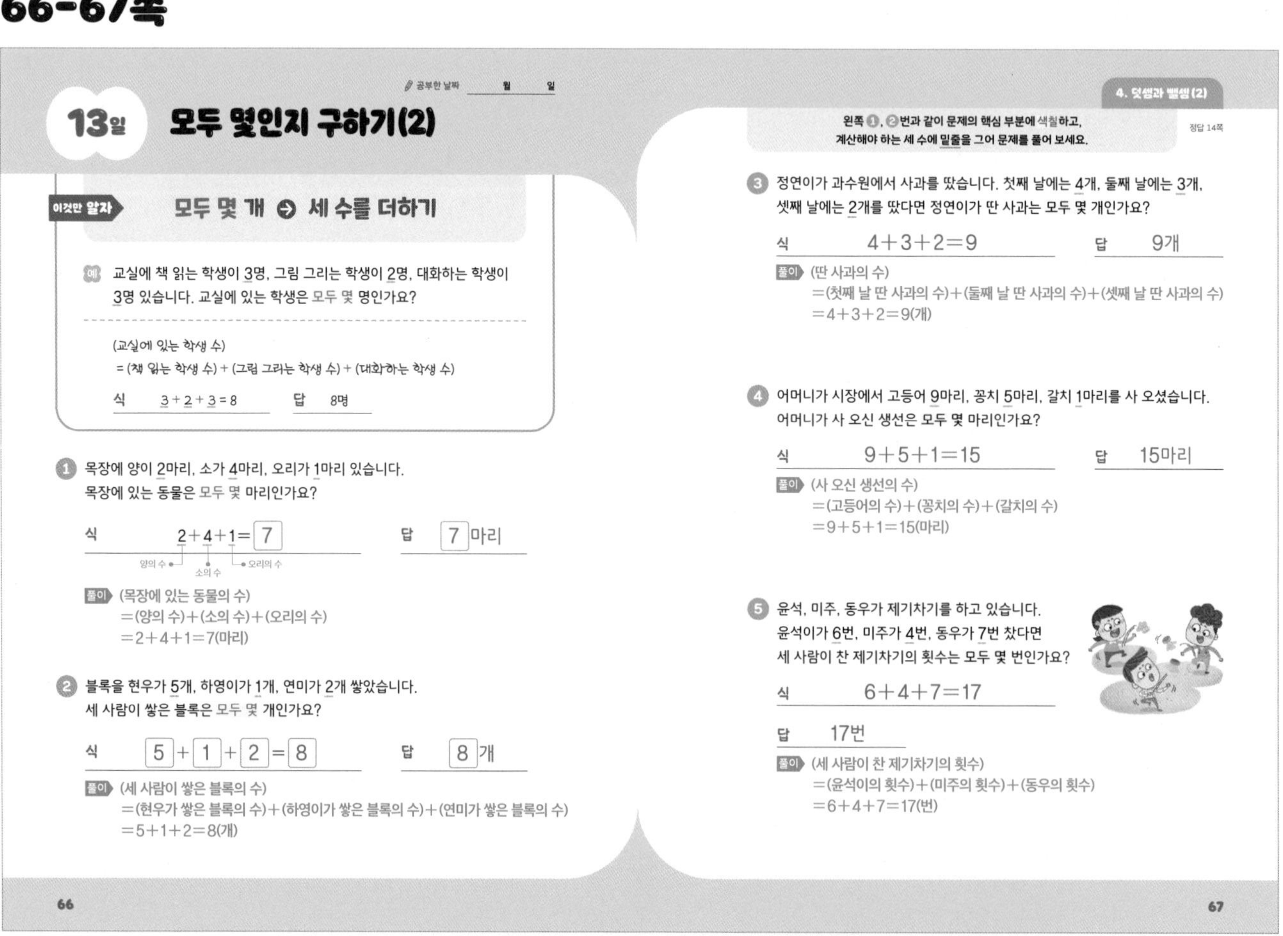

공부한 날짜 월 일

13일 모두 몇인지 구하기(2)

이것만 알자
모두 몇 개 ➔ 세 수를 더하기

예 교실에 책 읽는 학생이 3명, 그림 그리는 학생이 2명, 대화하는 학생이 3명 있습니다. 교실에 있는 학생은 모두 몇 명인가요?

(교실에 있는 학생 수)
=(책 읽는 학생 수)+(그림 그리는 학생 수)+(대화하는 학생 수)

식 3+2+3=8 답 8명

1 목장에 양이 2마리, 소가 4마리, 오리가 1마리 있습니다. 목장에 있는 동물은 모두 몇 마리인가요?

식 2+4+1=7 답 7마리

양의 수, 소의 수, 오리의 수

풀이 (목장에 있는 동물의 수)
=(양의 수)+(소의 수)+(오리의 수)
=2+4+1=7(마리)

2 블록을 현우가 5개, 하영이가 1개, 연미가 2개 쌓았습니다. 세 사람이 쌓은 블록은 모두 몇 개인가요?

식 5+1+2=8 답 8개

풀이 (세 사람이 쌓은 블록의 수)
=(현우가 쌓은 블록의 수)+(하영이가 쌓은 블록의 수)+(연미가 쌓은 블록의 수)
=5+1+2=8(개)

66

4. 덧셈과 뺄셈(2)

왼쪽 1, 2번과 같이 문제의 핵심 부분에 색칠하고, 계산해야 하는 세 수에 밑줄을 그어 문제를 풀어 보세요.

정답 14쪽

3 정연이가 과수원에서 사과를 땄습니다. 첫째 날에는 4개, 둘째 날에는 3개, 셋째 날에는 2개를 땄다면 정연이가 딴 사과는 모두 몇 개인가요?

식 4+3+2=9 답 9개

풀이 (딴 사과의 수)
=(첫째 날 딴 사과의 수)+(둘째 날 딴 사과의 수)+(셋째 날 딴 사과의 수)
=4+3+2=9(개)

4 어머니가 시장에서 고등어 9마리, 꽁치 5마리, 갈치 1마리를 사 오셨습니다. 어머니가 사 오신 생선은 모두 몇 마리인가요?

식 9+5+1=15 답 15마리

풀이 (사 오신 생선의 수)
=(고등어의 수)+(꽁치의 수)+(갈치의 수)
=9+5+1=15(마리)

5 윤석, 미주, 동우가 제기차기를 하고 있습니다. 윤석이가 6번, 미주가 4번, 동우가 7번 찼다면 세 사람이 찬 제기차기의 횟수는 모두 몇 번인가요?

식 6+4+7=17

답 17번

풀이 (세 사람이 찬 제기차기의 횟수)
=(윤석이의 횟수)+(미주의 횟수)+(동우의 횟수)
=6+4+7=17(번)

67

68-69쪽

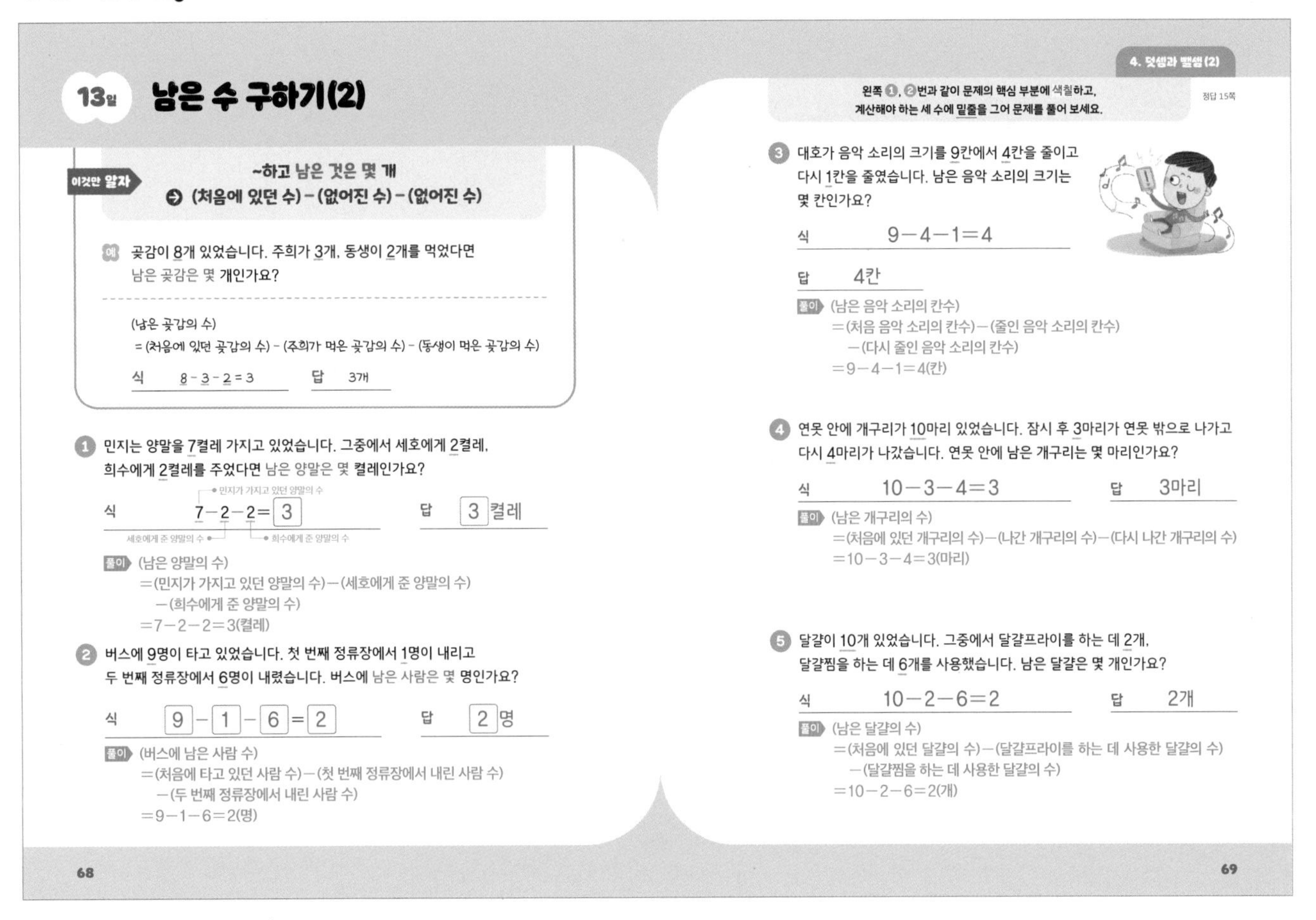

4. 덧셈과 뺄셈(2)

13일 남은 수 구하기(2)

이것만 알자

~하고 남은 것은 몇 개

➔ (처음에 있던 수) − (없어진 수) − (없어진 수)

예 곶감이 8개 있었습니다. 주희가 3개, 동생이 2개를 먹었다면 남은 곶감은 몇 개인가요?

(남은 곶감의 수)
= (처음에 있던 곶감의 수) − (주희가 먹은 곶감의 수) − (동생이 먹은 곶감의 수)

식 8 − 3 − 2 = 3 답 3개

① 민지는 양말을 7켤레 가지고 있었습니다. 그중에서 세호에게 2켤레, 희수에게 2켤레를 주었다면 남은 양말은 몇 켤레인가요?

식 7 − 2 − 2 = 3 답 3 켤레

(민지가 가지고 있던 양말의 수 / 세호에게 준 양말의 수 / 희수에게 준 양말의 수)

풀이 (남은 양말의 수)
= (민지가 가지고 있던 양말의 수) − (세호에게 준 양말의 수) − (희수에게 준 양말의 수)
= 7 − 2 − 2 = 3(켤레)

② 버스에 9명이 타고 있었습니다. 첫 번째 정류장에서 1명이 내리고 두 번째 정류장에서 6명이 내렸습니다. 버스에 남은 사람은 몇 명인가요?

식 9 − 1 − 6 = 2 답 2 명

풀이 (버스에 남은 사람 수)
= (처음에 타고 있던 사람 수) − (첫 번째 정류장에서 내린 사람 수) − (두 번째 정류장에서 내린 사람 수)
= 9 − 1 − 6 = 2(명)

왼쪽 ①, ②번과 같이 문제의 핵심 부분에 색칠하고, 계산해야 하는 세 수에 밑줄을 그어 문제를 풀어 보세요.

정답 15쪽

③ 대호가 음악 소리의 크기를 9칸에서 4칸을 줄이고 다시 1칸을 줄였습니다. 남은 음악 소리의 크기는 몇 칸인가요?

식 9 − 4 − 1 = 4

답 4칸

풀이 (남은 음악 소리의 칸수)
= (처음 음악 소리의 칸수) − (줄인 음악 소리의 칸수) − (다시 줄인 음악 소리의 칸수)
= 9 − 4 − 1 = 4(칸)

④ 연못 안에 개구리가 10마리 있었습니다. 잠시 후 3마리가 연못 밖으로 나가고 다시 4마리가 나갔습니다. 연못 안에 남은 개구리는 몇 마리인가요?

식 10 − 3 − 4 = 3 답 3마리

풀이 (남은 개구리의 수)
= (처음에 있던 개구리의 수) − (나간 개구리의 수) − (다시 나간 개구리의 수)
= 10 − 3 − 4 = 3(마리)

⑤ 달걀이 10개 있었습니다. 그중에서 달걀프라이를 하는 데 2개, 달걀찜을 하는 데 6개를 사용했습니다. 남은 달걀은 몇 개인가요?

식 10 − 2 − 6 = 2 답 2개

풀이 (남은 달걀의 수)
= (처음에 있던 달걀의 수) − (달걀프라이를 하는 데 사용한 달걀의 수) − (달걀찜을 하는 데 사용한 달걀의 수)
= 10 − 2 − 6 = 2(개)

68 69

70-71쪽

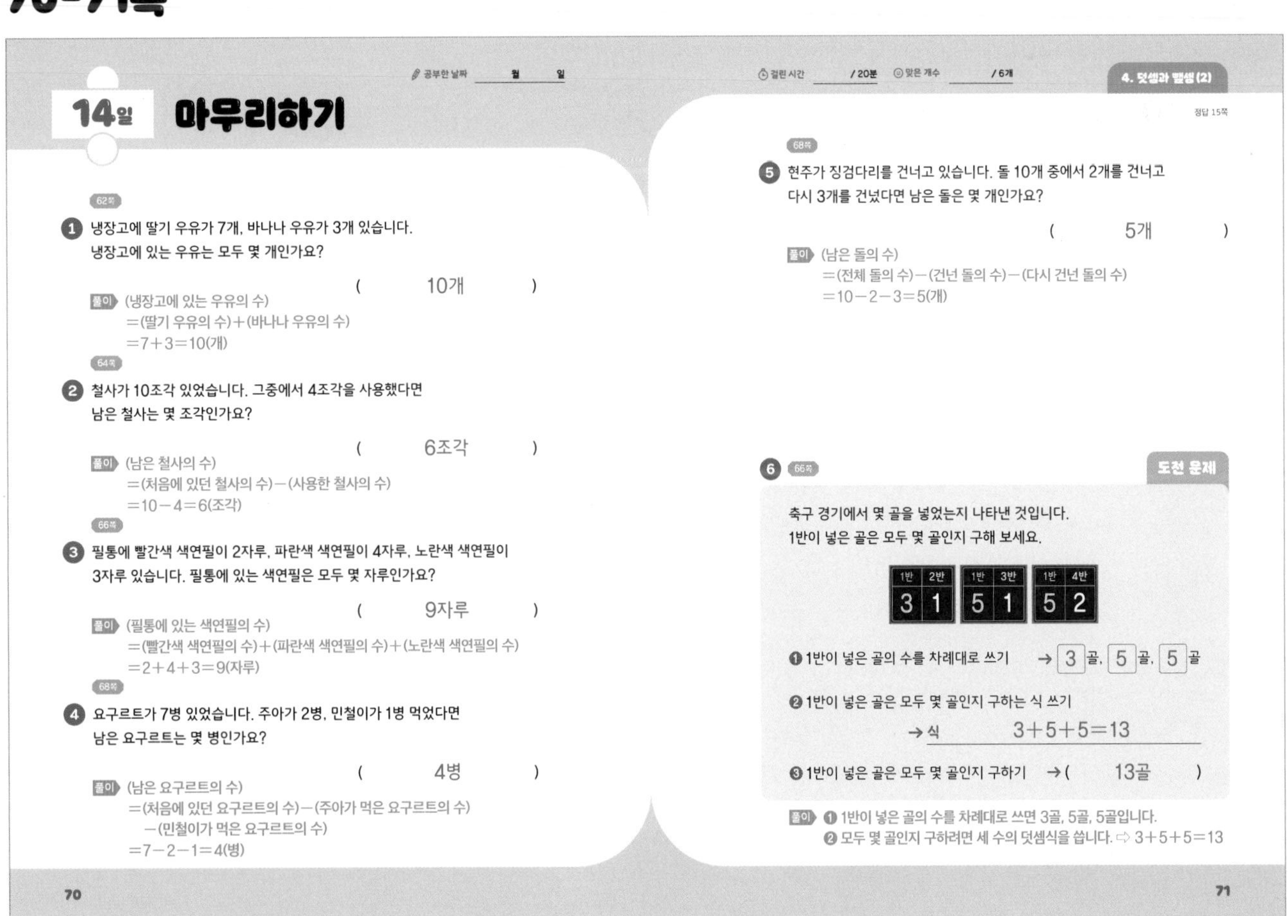

공부한 날짜 월 일 걸린 시간 /20분 맞은 개수 /6개

4. 덧셈과 뺄셈(2)

14일 마무리하기

정답 15쪽

62쪽

① 냉장고에 딸기 우유가 7개, 바나나 우유가 3개 있습니다. 냉장고에 있는 우유는 모두 몇 개인가요?

(10개)

풀이 (냉장고에 있는 우유의 수)
= (딸기 우유의 수) + (바나나 우유의 수)
= 7 + 3 = 10(개)

64쪽

② 철사가 10조각 있었습니다. 그중에서 4조각을 사용했다면 남은 철사는 몇 조각인가요?

(6조각)

풀이 (남은 철사의 수)
= (처음에 있던 철사의 수) − (사용한 철사의 수)
= 10 − 4 = 6(조각)

66쪽

③ 필통에 빨간색 색연필이 2자루, 파란색 색연필이 4자루, 노란색 색연필이 3자루 있습니다. 필통에 있는 색연필은 모두 몇 자루인가요?

(9자루)

풀이 (필통에 있는 색연필의 수)
= (빨간색 색연필의 수) + (파란색 색연필의 수) + (노란색 색연필의 수)
= 2 + 4 + 3 = 9(자루)

68쪽

④ 요구르트가 7병 있었습니다. 주아가 2병, 민철이가 1병 먹었다면 남은 요구르트는 몇 병인가요?

(4병)

풀이 (남은 요구르트의 수)
= (처음에 있던 요구르트의 수) − (주아가 먹은 요구르트의 수) − (민철이가 먹은 요구르트의 수)
= 7 − 2 − 1 = 4(병)

68쪽

⑤ 현주가 징검다리를 건너고 있습니다. 돌 10개 중에서 2개를 건너고 다시 3개를 건넜다면 남은 돌은 몇 개인가요?

(5개)

풀이 (남은 돌의 수)
= (전체 돌의 수) − (건넌 돌의 수) − (다시 건넌 돌의 수)
= 10 − 2 − 3 = 5(개)

⑥ 66쪽 도전 문제

축구 경기에서 몇 골을 넣었는지 나타낸 것입니다. 1반이 넣은 골은 모두 몇 골인지 구해 보세요.

1반	2반	1반	3반	1반	4반
3	1	5	1	5	2

❶ 1반이 넣은 골의 수를 차례대로 쓰기 → 3 골, 5 골, 5 골

❷ 1반이 넣은 골은 모두 몇 골인지 구하는 식 쓰기
→ 식 3 + 5 + 5 = 13

❸ 1반이 넣은 골은 모두 몇 골인지 구하기 → (13골)

풀이 ❶ 1반이 넣은 골의 수를 차례대로 쓰면 3골, 5골, 5골입니다.
❷ 모두 몇 골인지 구하려면 세 수의 덧셈식을 씁니다. ⇨ 3 + 5 + 5 = 13

70 71

5 시계 보기와 규칙 찾기

74-75쪽

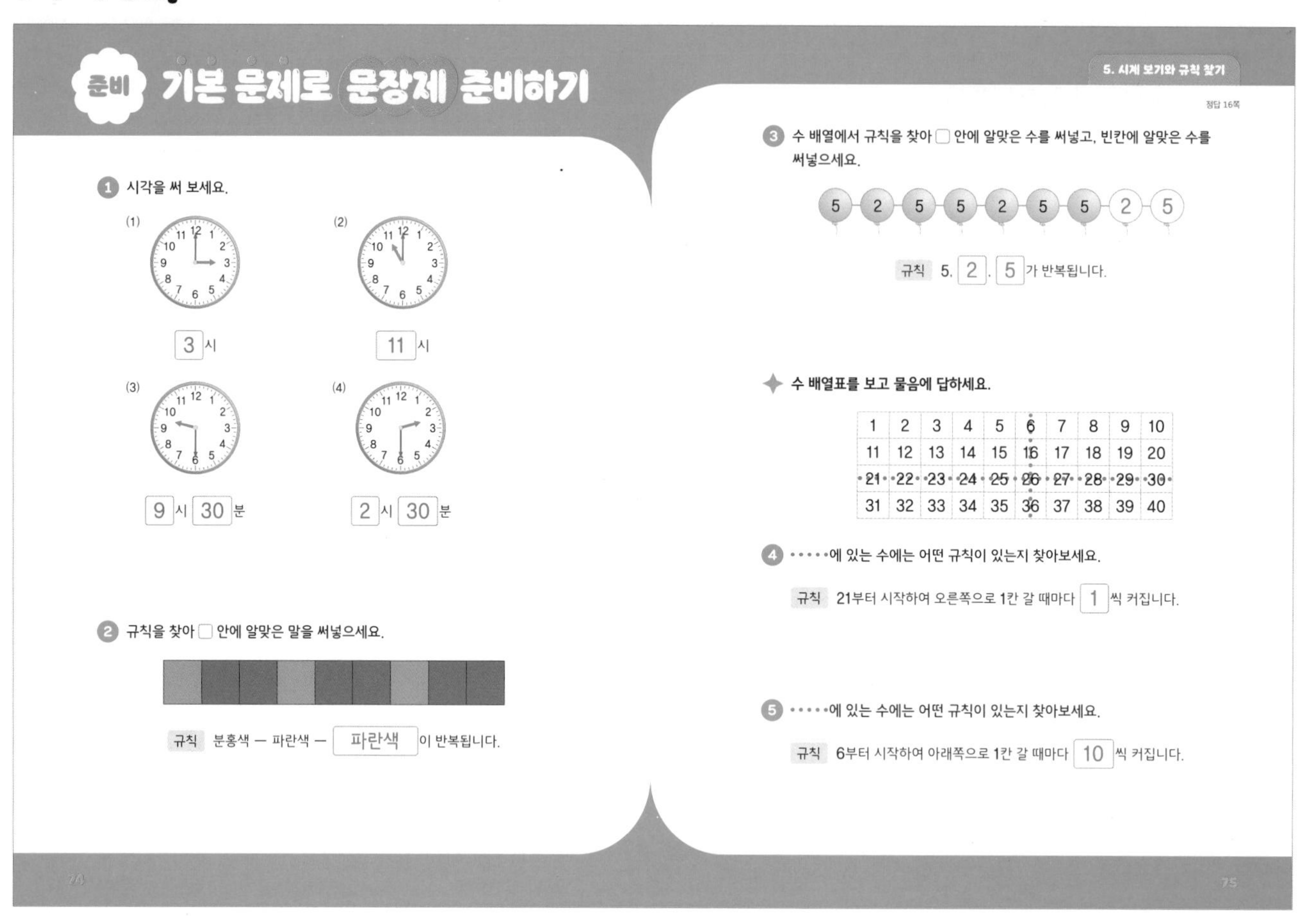
준비 기본 문제로 문장제 준비하기

5. 시계 보기와 규칙 찾기

정답 16쪽

1 시각을 써 보세요.

(1) 3 시

(2) 11 시

(3) 9 시 30 분

(4) 2 시 30 분

2 규칙을 찾아 □ 안에 알맞은 말을 써넣으세요.

규칙 분홍색 — 파란색 — 파란색 이 반복됩니다.

3 수 배열에서 규칙을 찾아 □ 안에 알맞은 수를 써넣고, 빈칸에 알맞은 수를 써넣으세요.

5 2 5 5 2 5 5 2 5

규칙 5, 2, 5 가 반복됩니다.

✦ 수 배열표를 보고 물음에 답하세요.

1	2	3	4	5	6	7	8	9	10
11	12	13	14	15	16	17	18	19	20
21	22	23	24	25	26	27	28	29	30
31	32	33	34	35	36	37	38	39	40

4 ·····에 있는 수에는 어떤 규칙이 있는지 찾아보세요.

규칙 21부터 시작하여 오른쪽으로 1칸 갈 때마다 1 씩 커집니다.

5 ·····에 있는 수에는 어떤 규칙이 있는지 찾아보세요.

규칙 6부터 시작하여 아래쪽으로 1칸 갈 때마다 10 씩 커집니다.

74 75

76-77쪽

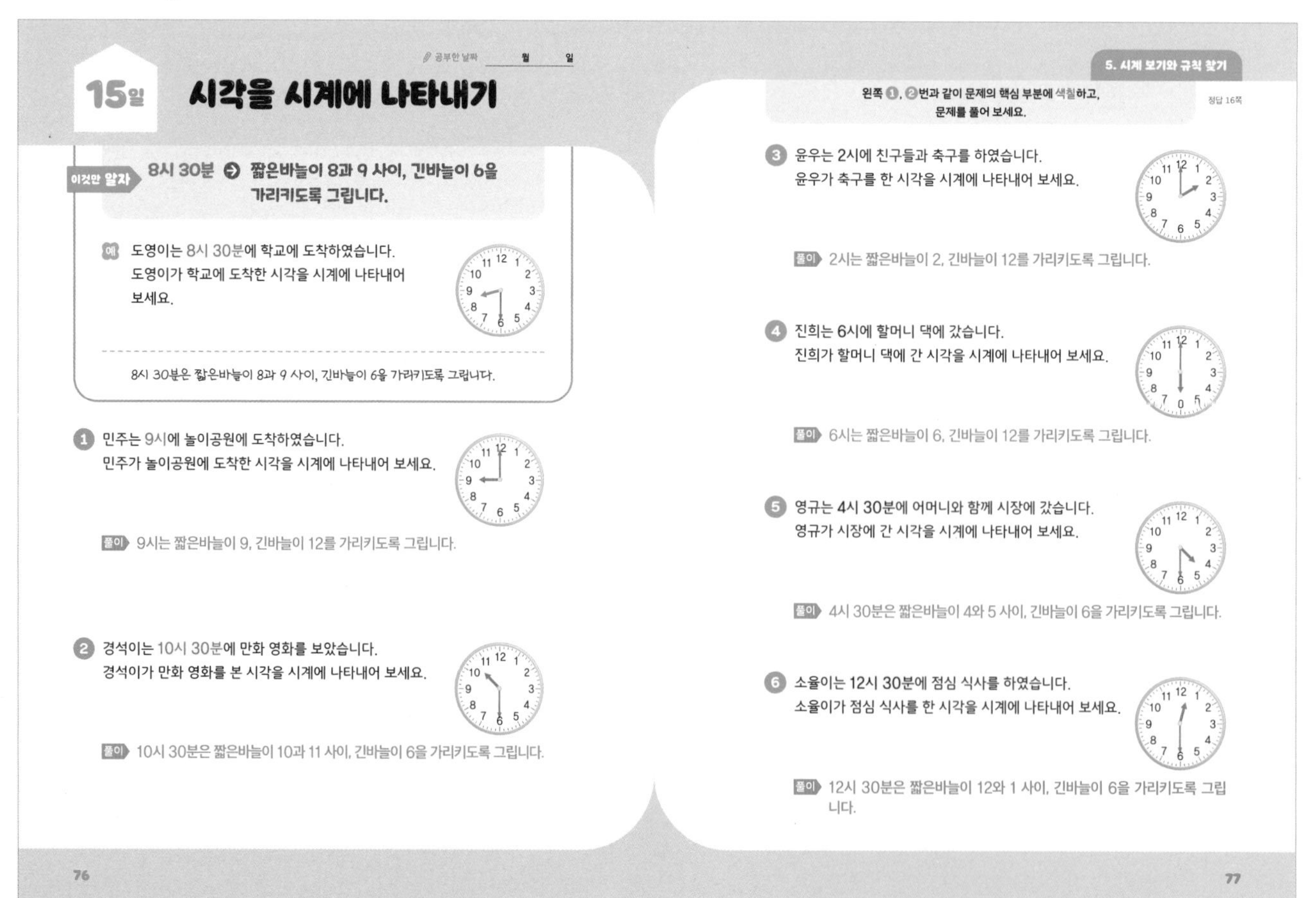
공부한 날짜 월 일

15일 시각을 시계에 나타내기

5. 시계 보기와 규칙 찾기

이것만 알자 8시 30분 ➔ 짧은바늘이 8과 9 사이, 긴바늘이 6을 가리키도록 그립니다.

예 도영이는 8시 30분에 학교에 도착하였습니다. 도영이가 학교에 도착한 시각을 시계에 나타내어 보세요.

8시 30분은 짧은바늘이 8과 9 사이, 긴바늘이 6을 가리키도록 그립니다.

1 민주는 9시에 놀이공원에 도착하였습니다. 민주가 놀이공원에 도착한 시각을 시계에 나타내어 보세요.

풀이 9시는 짧은바늘이 9, 긴바늘이 12를 가리키도록 그립니다.

2 경석이는 10시 30분에 만화 영화를 보았습니다. 경석이가 만화 영화를 본 시각을 시계에 나타내어 보세요.

풀이 10시 30분은 짧은바늘이 10과 11 사이, 긴바늘이 6을 가리키도록 그립니다.

왼쪽 1, 2번과 같이 문제의 핵심 부분에 색칠하고, 문제를 풀어 보세요.

정답 16쪽

3 윤우는 2시에 친구들과 축구를 하였습니다. 윤우가 축구를 한 시각을 시계에 나타내어 보세요.

풀이 2시는 짧은바늘이 2, 긴바늘이 12를 가리키도록 그립니다.

4 진희는 6시에 할머니 댁에 갔습니다. 진희가 할머니 댁에 간 시각을 시계에 나타내어 보세요.

풀이 6시는 짧은바늘이 6, 긴바늘이 12를 가리키도록 그립니다.

5 영규는 4시 30분에 어머니와 함께 시장에 갔습니다. 영규가 시장에 간 시각을 시계에 나타내어 보세요.

풀이 4시 30분은 짧은바늘이 4와 5 사이, 긴바늘이 6을 가리키도록 그립니다.

6 소율이는 12시 30분에 점심 식사를 하였습니다. 소율이가 점심 식사를 한 시각을 시계에 나타내어 보세요.

풀이 12시 30분은 짧은바늘이 12와 1 사이, 긴바늘이 6을 가리키도록 그립니다.

76 77

78-79쪽

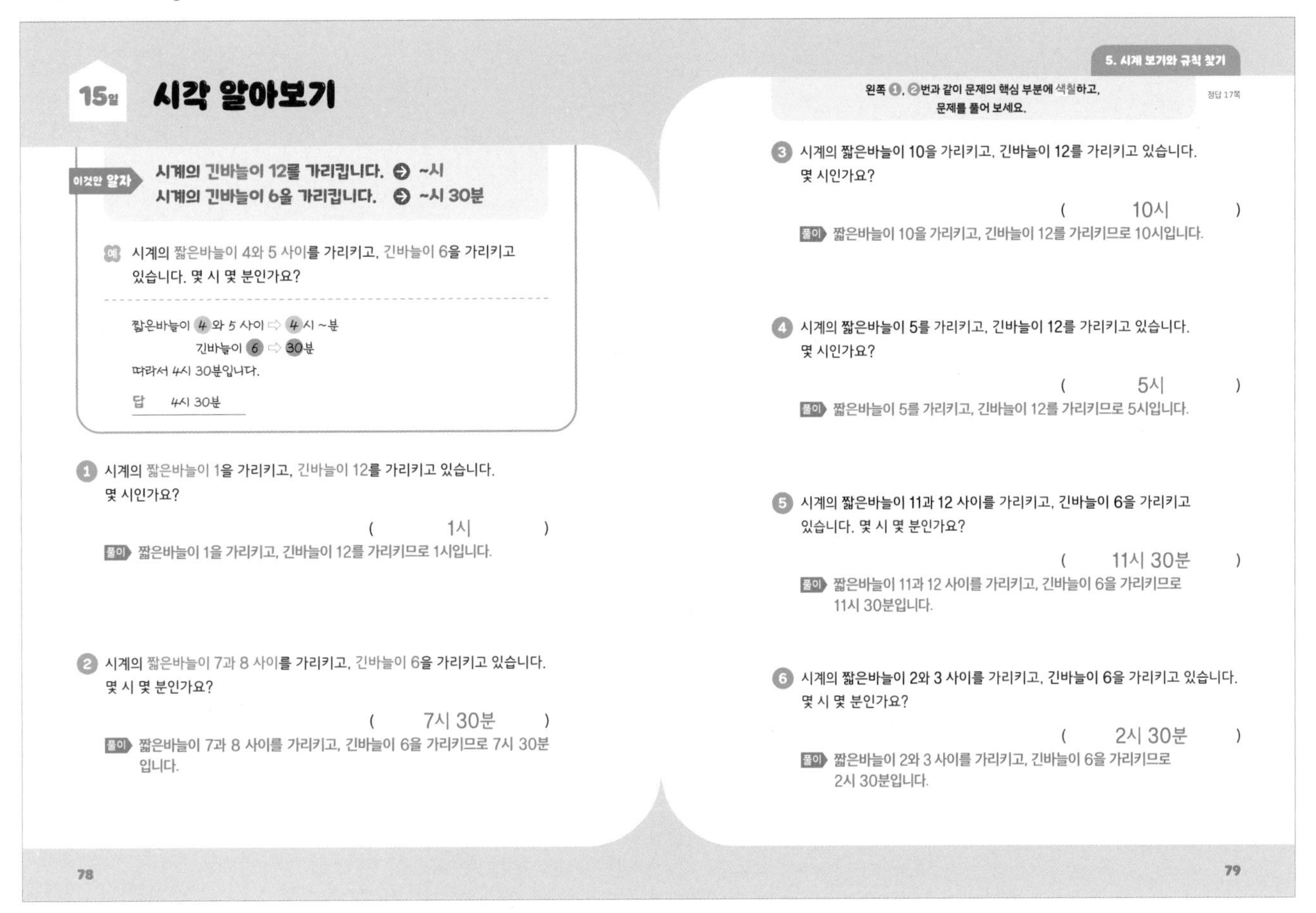

15일 시각 알아보기

5. 시계 보기와 규칙 찾기

이것만 알자
시계의 긴바늘이 12를 가리킵니다. ➔ ~시
시계의 긴바늘이 6을 가리킵니다. ➔ ~시 30분

예 시계의 짧은바늘이 4와 5 사이를 가리키고, 긴바늘이 6을 가리키고 있습니다. 몇 시 몇 분인가요?

짧은바늘이 4와 5 사이 ⇨ 4시 ~분
긴바늘이 6 ⇨ 30분
따라서 4시 30분입니다.
답 4시 30분

1 시계의 짧은바늘이 1을 가리키고, 긴바늘이 12를 가리키고 있습니다. 몇 시인가요?
(1시)
풀이 짧은바늘이 1을 가리키고, 긴바늘이 12를 가리키므로 1시입니다.

2 시계의 짧은바늘이 7과 8 사이를 가리키고, 긴바늘이 6을 가리키고 있습니다. 몇 시 몇 분인가요?
(7시 30분)
풀이 짧은바늘이 7과 8 사이를 가리키고, 긴바늘이 6을 가리키므로 7시 30분입니다.

왼쪽 1, 2번과 같이 문제의 핵심 부분에 색칠하고, 문제를 풀어 보세요.
정답 17쪽

3 시계의 짧은바늘이 10을 가리키고, 긴바늘이 12를 가리키고 있습니다. 몇 시인가요?
(10시)
풀이 짧은바늘이 10을 가리키고, 긴바늘이 12를 가리키므로 10시입니다.

4 시계의 짧은바늘이 5를 가리키고, 긴바늘이 12를 가리키고 있습니다. 몇 시인가요?
(5시)
풀이 짧은바늘이 5를 가리키고, 긴바늘이 12를 가리키므로 5시입니다.

5 시계의 짧은바늘이 11과 12 사이를 가리키고, 긴바늘이 6을 가리키고 있습니다. 몇 시 몇 분인가요?
(11시 30분)
풀이 짧은바늘이 11과 12 사이를 가리키고, 긴바늘이 6을 가리키므로 11시 30분입니다.

6 시계의 짧은바늘이 2와 3 사이를 가리키고, 긴바늘이 6을 가리키고 있습니다. 몇 시 몇 분인가요?
(2시 30분)
풀이 짧은바늘이 2와 3 사이를 가리키고, 긴바늘이 6을 가리키므로 2시 30분입니다.

78 79

80-81쪽

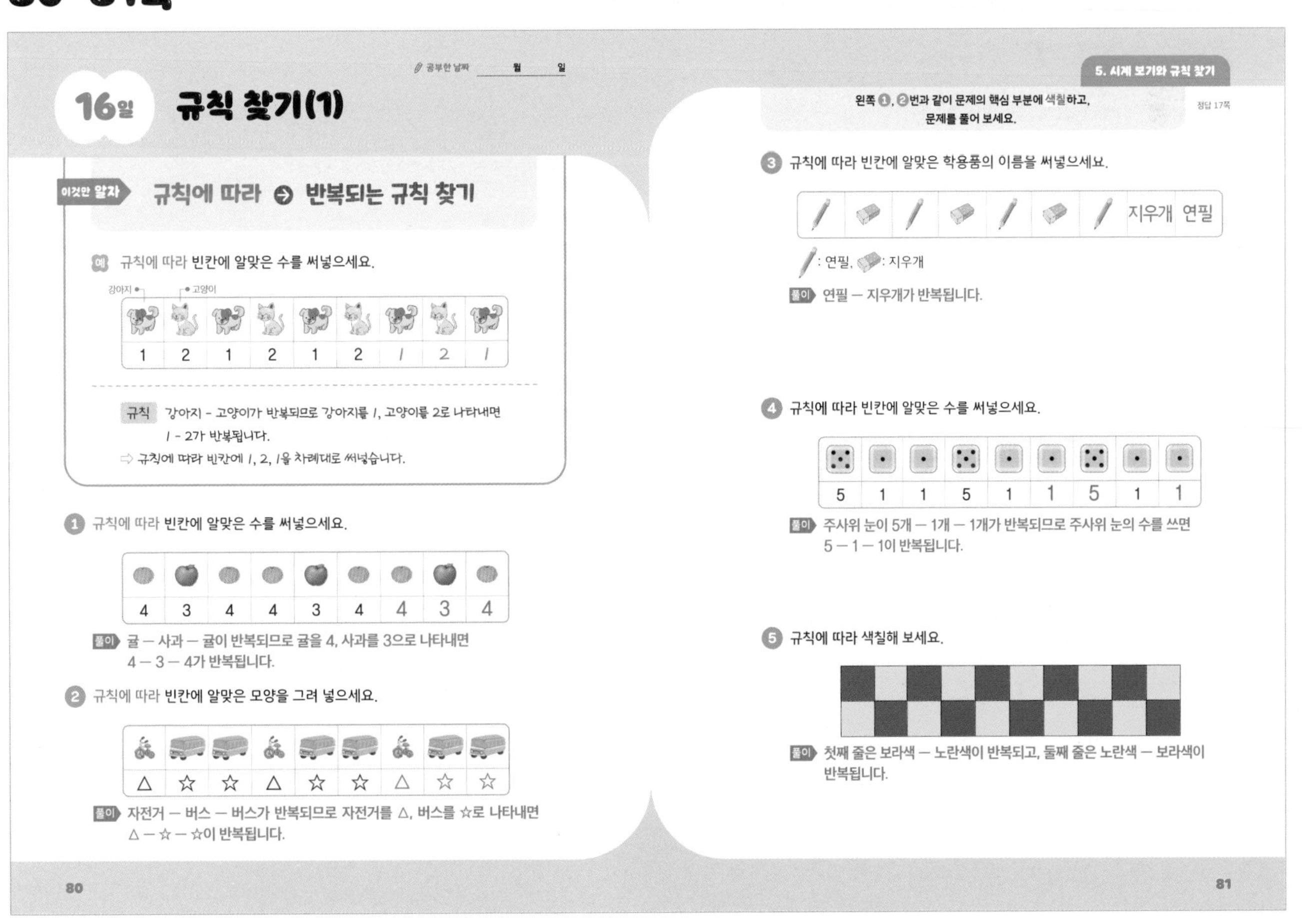

공부한 날짜 월 일

16일 규칙 찾기(1)

5. 시계 보기와 규칙 찾기

이것만 알자
규칙에 따라 ➔ 반복되는 규칙 찾기

예 규칙에 따라 빈칸에 알맞은 수를 써넣으세요.
강아지 고양이

1	2	1	2	1	2	1	2	1

규칙 강아지 - 고양이가 반복되므로 강아지를 1, 고양이를 2로 나타내면 1 - 2가 반복됩니다.
⇨ 규칙에 따라 빈칸에 1, 2, 1을 차례대로 써넣습니다.

1 규칙에 따라 빈칸에 알맞은 수를 써넣으세요.

4	3	4	4	3	4	4	3	4

풀이 귤 — 사과 — 귤이 반복되므로 귤을 4, 사과를 3으로 나타내면 4 — 3 — 4가 반복됩니다.

2 규칙에 따라 빈칸에 알맞은 모양을 그려 넣으세요.

△	☆	☆	△	☆	☆	△	☆	☆

풀이 자전거 — 버스 — 버스가 반복되므로 자전거를 △, 버스를 ☆로 나타내면 △ — ☆ — ☆이 반복됩니다.

왼쪽 1, 2번과 같이 문제의 핵심 부분에 색칠하고, 문제를 풀어 보세요.
정답 17쪽

3 규칙에 따라 빈칸에 알맞은 학용품의 이름을 써넣으세요.
지우개 연필
: 연필, : 지우개
풀이 연필 — 지우개가 반복됩니다.

4 규칙에 따라 빈칸에 알맞은 수를 써넣으세요.

5	1	1	5	1	1	5	1	1

풀이 주사위 눈이 5개 — 1개 — 1개가 반복되므로 주사위 눈의 수를 쓰면 5 — 1 — 1이 반복됩니다.

5 규칙에 따라 색칠해 보세요.
풀이 첫째 줄은 보라색 — 노란색이 반복되고, 둘째 줄은 노란색 — 보라색이 반복됩니다.

80 81

5 시계 보기와 규칙 찾기

82-83쪽

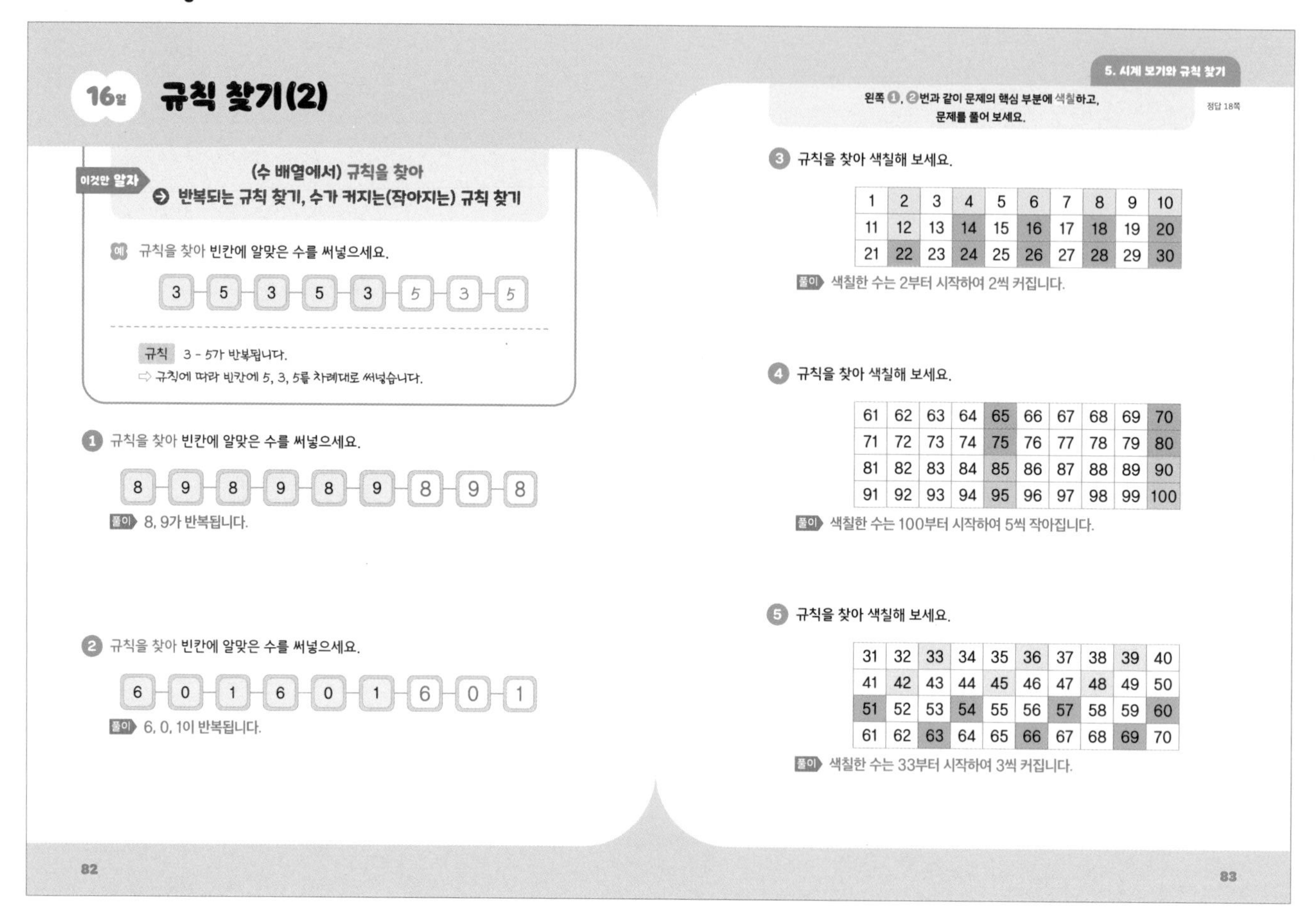

16일 규칙 찾기(2)

이것만 알자: (수 배열에서) 규칙을 찾아 ➲ 반복되는 규칙 찾기, 수가 커지는(작아지는) 규칙 찾기

예 규칙을 찾아 빈칸에 알맞은 수를 써넣으세요.

3 - 5 - 3 - 5 - 3 - 5 - 3 - 5

규칙 3 - 5가 반복됩니다.
⇨ 규칙에 따라 빈칸에 5, 3, 5를 차례대로 써넣습니다.

1 규칙을 찾아 빈칸에 알맞은 수를 써넣으세요.

8 - 9 - 8 - 9 - 8 - 9 - 8 - 9 - 8

풀이 8, 9가 반복됩니다.

2 규칙을 찾아 빈칸에 알맞은 수를 써넣으세요.

6 - 0 - 1 - 6 - 0 - 1 - 6 - 0 - 1

풀이 6, 0, 1이 반복됩니다.

5. 시계 보기와 규칙 찾기

왼쪽 1, 2번과 같이 문제의 핵심 부분에 색칠하고, 문제를 풀어 보세요.

정답 18쪽

3 규칙을 찾아 색칠해 보세요.

1	2	3	4	5	6	7	8	9	10
11	12	13	14	15	16	17	18	19	20
21	22	23	24	25	26	27	28	29	30

풀이 색칠한 수는 2부터 시작하여 2씩 커집니다.

4 규칙을 찾아 색칠해 보세요.

61	62	63	64	65	66	67	68	69	70
71	72	73	74	75	76	77	78	79	80
81	82	83	84	85	86	87	88	89	90
91	92	93	94	95	96	97	98	99	100

풀이 색칠한 수는 100부터 시작하여 5씩 작아집니다.

5 규칙을 찾아 색칠해 보세요.

31	32	33	34	35	36	37	38	39	40
41	42	43	44	45	46	47	48	49	50
51	52	53	54	55	56	57	58	59	60
61	62	63	64	65	66	67	68	69	70

풀이 색칠한 수는 33부터 시작하여 3씩 커집니다.

82 83

84-85쪽

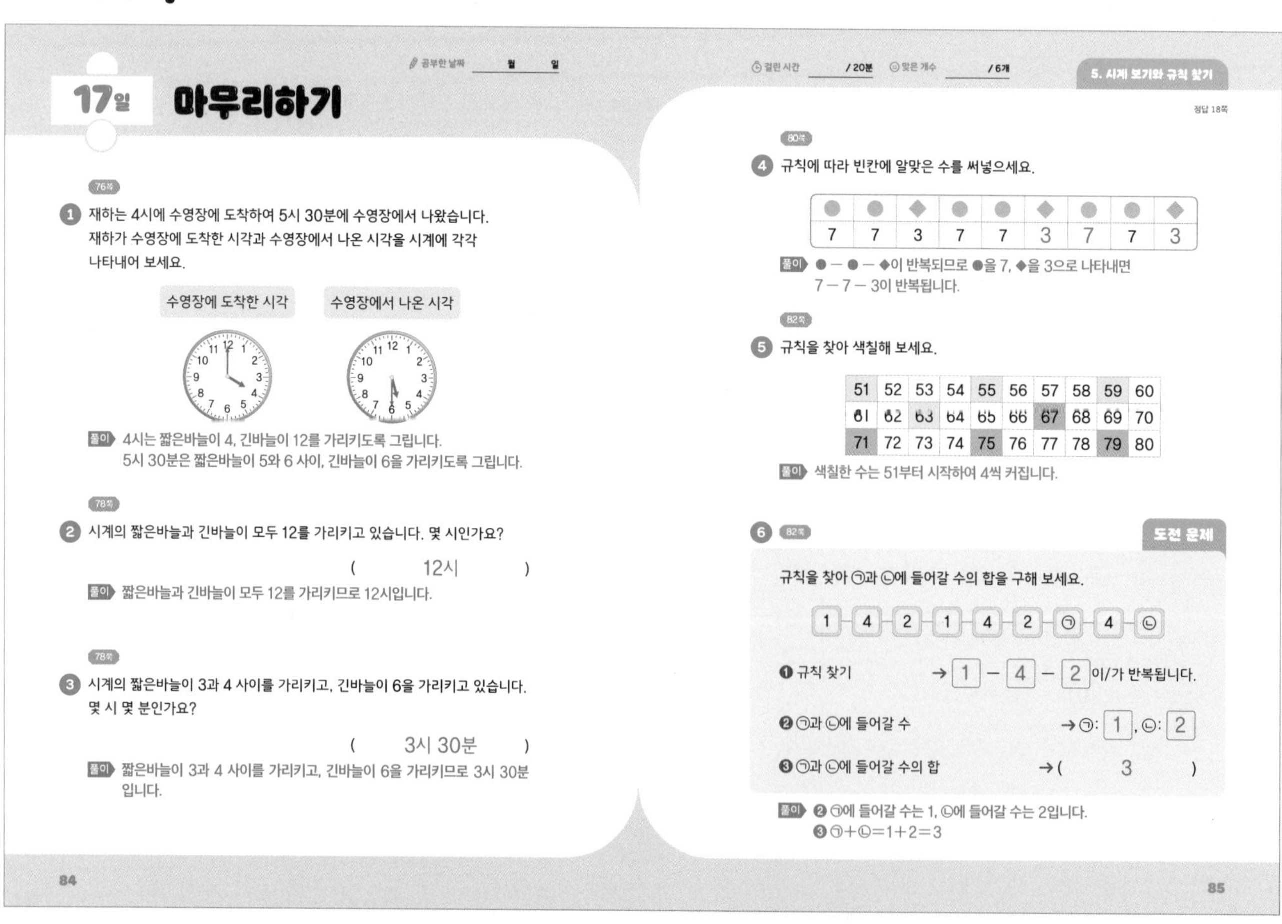

공부한 날짜 월 일

17일 마무리하기

76쪽

1 재하는 4시에 수영장에 도착하여 5시 30분에 수영장에서 나왔습니다. 재하가 수영장에 도착한 시각과 수영장에서 나온 시각을 시계에 각각 나타내어 보세요.

수영장에 도착한 시각 / 수영장에서 나온 시각

풀이 4시는 짧은바늘이 4, 긴바늘이 12를 가리키도록 그립니다.
5시 30분은 짧은바늘이 5와 6 사이, 긴바늘이 6을 가리키도록 그립니다.

78쪽

2 시계의 짧은바늘과 긴바늘이 모두 12를 가리키고 있습니다. 몇 시인가요?

(12시)

풀이 짧은바늘과 긴바늘이 모두 12를 가리키므로 12시입니다.

78쪽

3 시계의 짧은바늘이 3과 4 사이를 가리키고, 긴바늘이 6을 가리키고 있습니다. 몇 시 몇 분인가요?

(3시 30분)

풀이 짧은바늘이 3과 4 사이를 가리키고, 긴바늘이 6을 가리키므로 3시 30분입니다.

걸린 시간 /20분 맞은 개수 /6개

5. 시계 보기와 규칙 찾기

정답 18쪽

80쪽

4 규칙에 따라 빈칸에 알맞은 수를 써넣으세요.

●	●	◆	●	●	◆	●	●	◆
7	7	3	7	7	3	7	7	3

풀이 ● — ● — ◆이 반복되므로 ●을 7, ◆을 3으로 나타내면 7 — 7 — 3이 반복됩니다.

82쪽

5 규칙을 찾아 색칠해 보세요.

51	52	53	54	55	56	57	58	59	60
61	62	63	64	65	66	67	68	69	70
71	72	73	74	75	76	77	78	79	80

풀이 색칠한 수는 51부터 시작하여 4씩 커집니다.

6 82쪽 도전 문제

규칙을 찾아 ㉠과 ㉡에 들어갈 수의 합을 구해 보세요.

1 - 4 - 2 - 1 - 4 - 2 - ㉠ - 4 - ㉡

❶ 규칙 찾기 → 1 — 4 — 2 이/가 반복됩니다.

❷ ㉠과 ㉡에 들어갈 수 → ㉠: 1, ㉡: 2

❸ ㉠과 ㉡에 들어갈 수의 합 → (3)

풀이 ❷ ㉠에 들어갈 수는 1, ㉡에 들어갈 수는 2입니다.
❸ ㉠+㉡=1+2=3

84 85

6 덧셈과 뺄셈(3)

88-89쪽

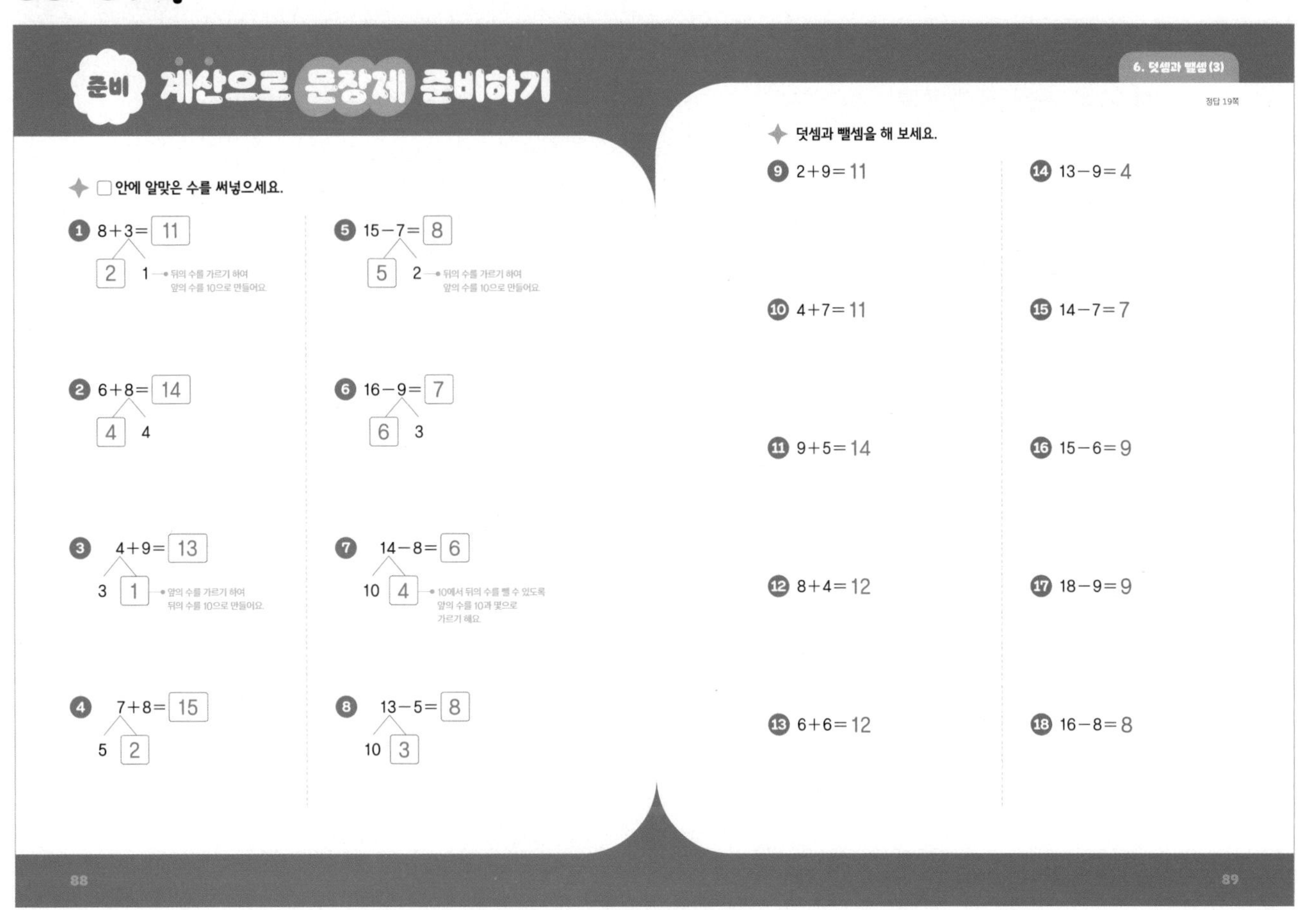

준비 계산으로 문장제 준비하기

6. 덧셈과 뺄셈(3)

정답 19쪽

□ 안에 알맞은 수를 써넣으세요.

1 8+3=11
2 1 → 뒤의 수를 가르기 하여 앞의 수를 10으로 만들어요.

2 6+8=14
4 4

3 4+9=13
3 1 → 앞의 수를 가르기 하여 뒤의 수를 10으로 만들어요.

4 7+8=15
5 2

5 15−7=8
5 2 → 뒤의 수를 가르기 하여 앞의 수를 10으로 만들어요.

6 16−9=7
6 3

7 14−8=6
10 4 → 10에서 뒤의 수를 뺄 수 있도록 앞의 수를 10과 몇으로 가르기 해요.

8 13−5=8
10 3

덧셈과 뺄셈을 해 보세요.

9 2+9=11

10 4+7=11

11 9+5=14

12 8+4=12

13 6+6=12

14 13−9=4

15 14−7=7

16 15−6=9

17 18−9=9

18 16−8=8

88 89

90-91쪽

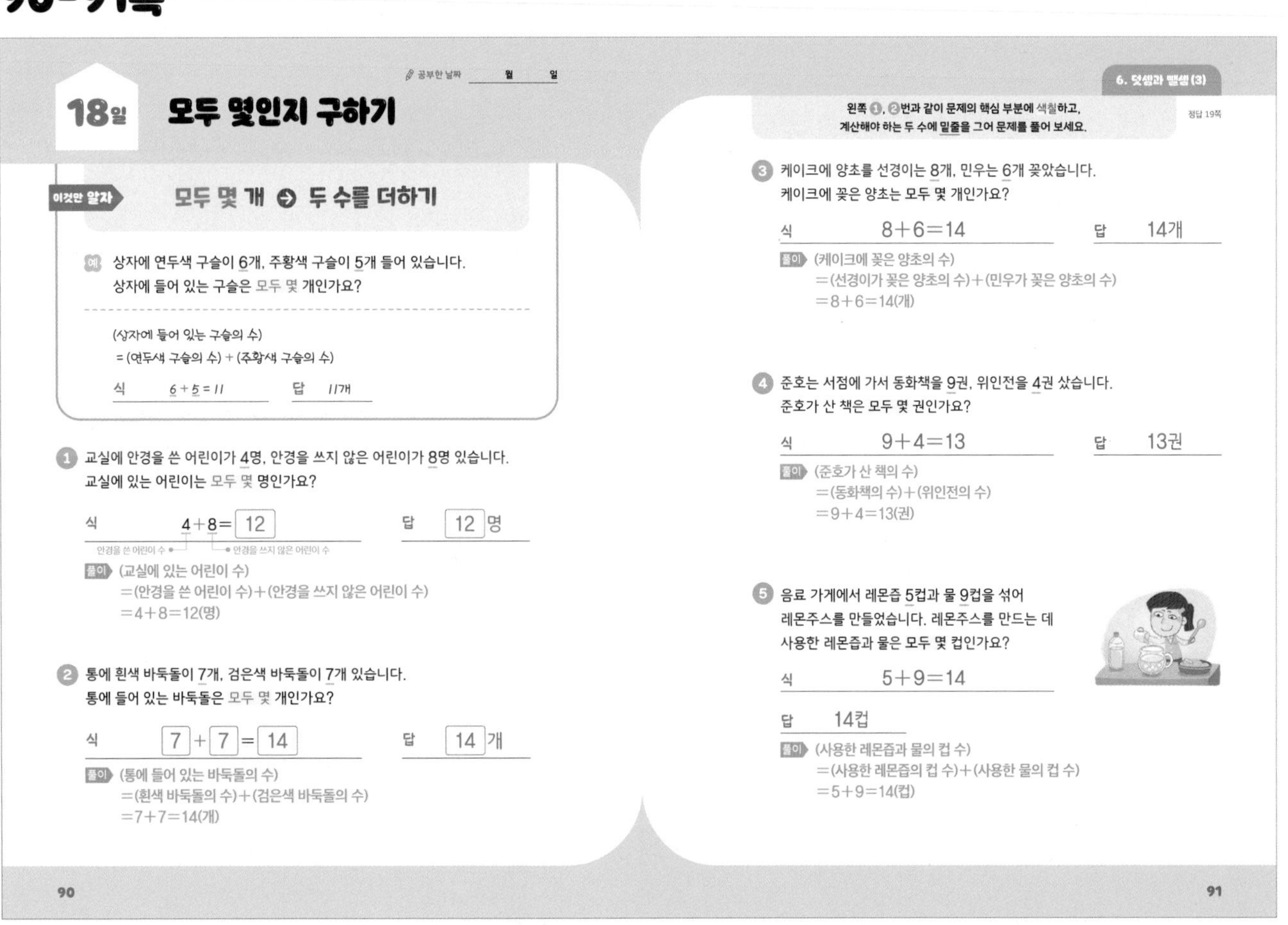

공부한 날짜 월 일

18일 모두 몇인지 구하기

6. 덧셈과 뺄셈(3)

정답 19쪽

이것만 알자 모두 몇 개 → 두 수를 더하기

예 상자에 연두색 구슬이 6개, 주황색 구슬이 5개 들어 있습니다. 상자에 들어 있는 구슬은 모두 몇 개인가요?

(상자에 들어 있는 구슬의 수)
=(연두색 구슬의 수)+(주황색 구슬의 수)

식 6+5=11 답 11개

1 교실에 안경을 쓴 어린이가 4명, 안경을 쓰지 않은 어린이가 8명 있습니다. 교실에 있는 어린이는 모두 몇 명인가요?

식 4+8=12 (안경을 쓴 어린이 수, 안경을 쓰지 않은 어린이 수) 답 12명

풀이 (교실에 있는 어린이 수)
=(안경을 쓴 어린이 수)+(안경을 쓰지 않은 어린이 수)
=4+8=12(명)

2 통에 흰색 바둑돌이 7개, 검은색 바둑돌이 7개 있습니다. 통에 들어 있는 바둑돌은 모두 몇 개인가요?

식 7+7=14 답 14개

풀이 (통에 들어 있는 바둑돌의 수)
=(흰색 바둑돌의 수)+(검은색 바둑돌의 수)
=7+7=14(개)

왼쪽 1, 2번과 같이 문제의 핵심 부분에 색칠하고, 계산해야 하는 두 수에 밑줄을 그어 문제를 풀어 보세요.

3 케이크에 양초를 선경이는 8개, 민우는 6개 꽂았습니다. 케이크에 꽂은 양초는 모두 몇 개인가요?

식 8+6=14 답 14개

풀이 (케이크에 꽂은 양초의 수)
=(선경이가 꽂은 양초의 수)+(민우가 꽂은 양초의 수)
=8+6=14(개)

4 준호는 서점에 가서 동화책을 9권, 위인전을 4권 샀습니다. 준호가 산 책은 모두 몇 권인가요?

식 9+4=13 답 13권

풀이 (준호가 산 책의 수)
=(동화책의 수)+(위인전의 수)
=9+4=13(권)

5 음료 가게에서 레몬즙 5컵과 물 9컵을 섞어 레몬주스를 만들었습니다. 레몬주스를 만드는 데 사용한 레몬즙과 물은 모두 몇 컵인가요?

식 5+9=14

답 14컵

풀이 (사용한 레몬즙과 물의 컵 수)
=(사용한 레몬즙의 컵 수)+(사용한 물의 컵 수)
=5+9=14(컵)

90 91

6 덧셈과 뺄셈(3)

92-93쪽

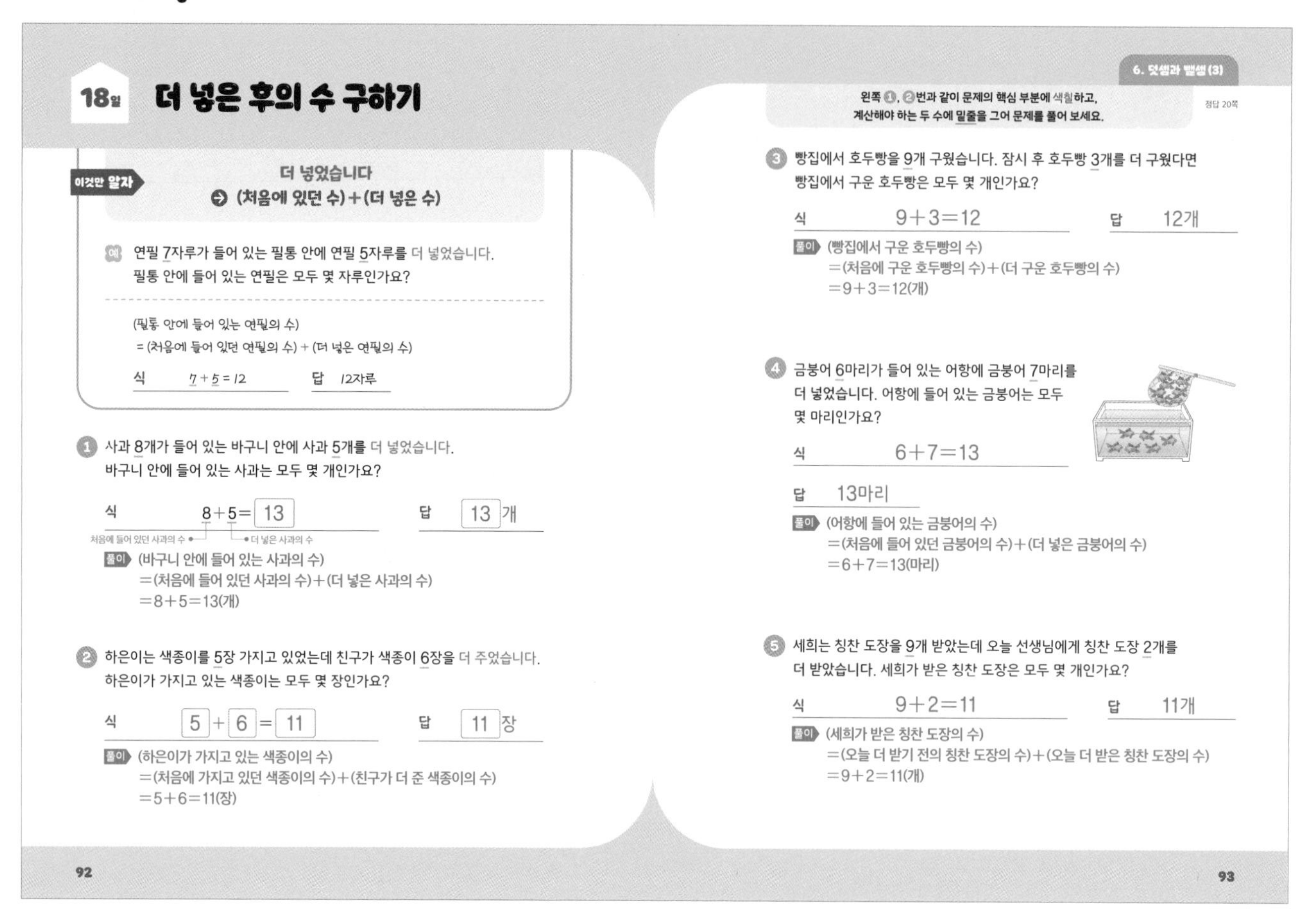
18일 더 넣은 후의 수 구하기

6. 덧셈과 뺄셈(3)

이것만 알자 더 넣었습니다
➔ (처음에 있던 수)+(더 넣은 수)

예 연필 7자루가 들어 있는 필통 안에 연필 5자루를 더 넣었습니다.
필통 안에 들어 있는 연필은 모두 몇 자루인가요?

(필통 안에 들어 있는 연필의 수)
=(처음에 들어 있던 연필의 수)+(더 넣은 연필의 수)

식 7+5=12 답 12자루

1 사과 8개가 들어 있는 바구니 안에 사과 5개를 더 넣었습니다.
바구니 안에 들어 있는 사과는 모두 몇 개인가요?

식 8+5=13 (처음에 들어 있던 사과의 수, 더 넣은 사과의 수) 답 13개

풀이 (바구니 안에 들어 있는 사과의 수)
=(처음에 들어 있던 사과의 수)+(더 넣은 사과의 수)
=8+5=13(개)

2 하은이는 색종이를 5장 가지고 있었는데 친구가 색종이 6장을 더 주었습니다.
하은이가 가지고 있는 색종이는 모두 몇 장인가요?

식 5+6=11 답 11장

풀이 (하은이가 가지고 있는 색종이의 수)
=(처음에 가지고 있던 색종이의 수)+(친구가 더 준 색종이의 수)
=5+6=11(장)

왼쪽 1, 2번과 같이 문제의 핵심 부분에 색칠하고,
계산해야 하는 두 수에 밑줄을 그어 문제를 풀어 보세요.

정답 20쪽

3 빵집에서 호두빵을 9개 구웠습니다. 잠시 후 호두빵 3개를 더 구웠다면
빵집에서 구운 호두빵은 모두 몇 개인가요?

식 9+3=12 답 12개

풀이 (빵집에서 구운 호두빵의 수)
=(처음에 구운 호두빵의 수)+(더 구운 호두빵의 수)
=9+3=12(개)

4 금붕어 6마리가 들어 있는 어항에 금붕어 7마리를
더 넣었습니다. 어항에 들어 있는 금붕어는 모두
몇 마리인가요?

식 6+7=13

답 13마리

풀이 (어항에 들어 있는 금붕어의 수)
=(처음에 들어 있던 금붕어의 수)+(더 넣은 금붕어의 수)
=6+7=13(마리)

5 세희는 칭찬 도장을 9개 받았는데 오늘 선생님에게 칭찬 도장 2개를
더 받았습니다. 세희가 받은 칭찬 도장은 모두 몇 개인가요?

식 9+2=11 답 11개

풀이 (세희가 받은 칭찬 도장의 수)
=(오늘 더 받기 전의 칭찬 도장의 수)+(오늘 더 받은 칭찬 도장의 수)
=9+2=11(개)

92 93

94-95쪽

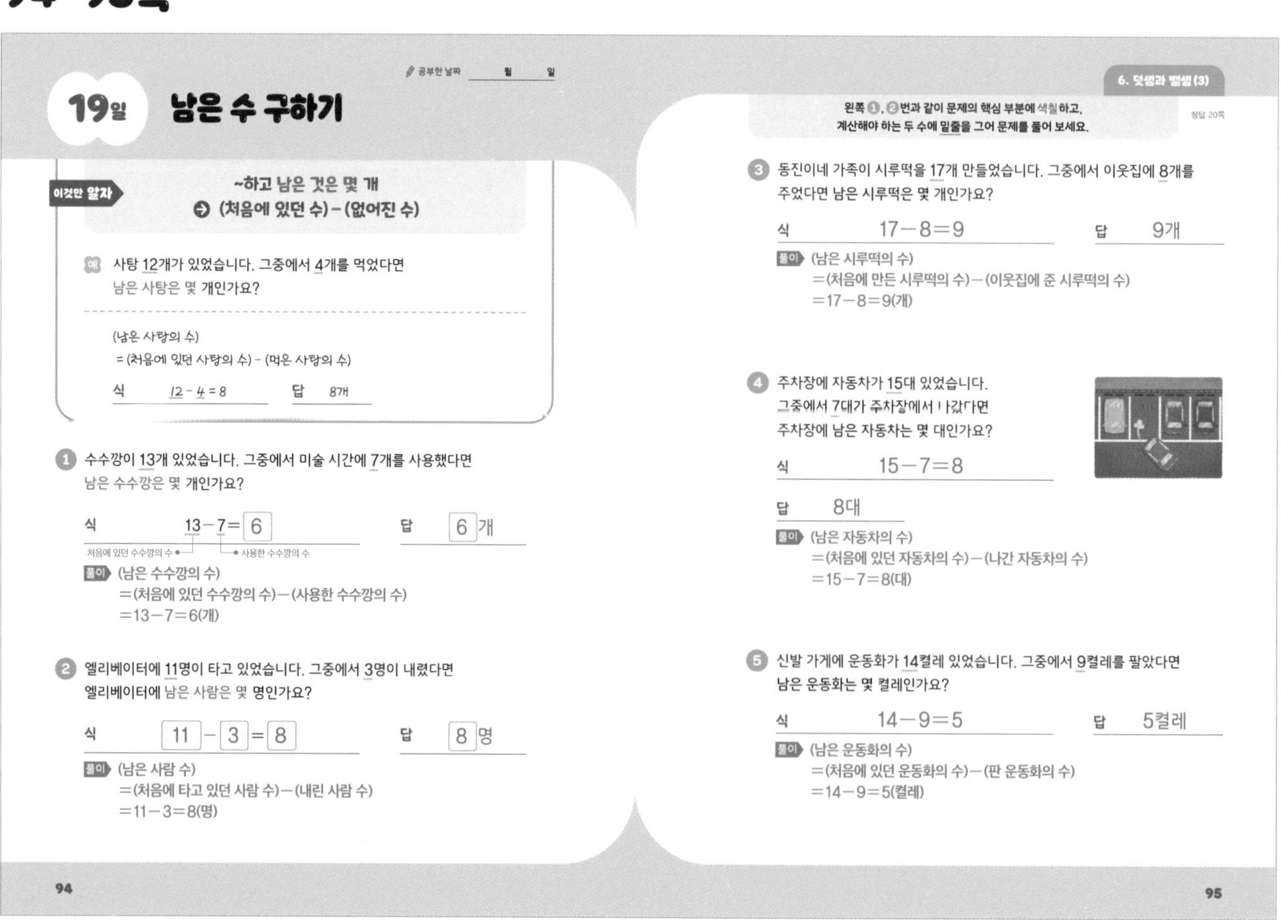
19일 남은 수 구하기

공부한 날짜 월 일

6. 덧셈과 뺄셈(3)

이것만 알자 ~하고 남은 것은 몇 개
➔ (처음에 있던 수)−(없어진 수)

예 사탕 12개가 있었습니다. 그중에서 4개를 먹었다면
남은 사탕은 몇 개인가요?

(남은 사탕의 수)
=(처음에 있던 사탕의 수)−(먹은 사탕의 수)

식 12−4=8 답 8개

1 수수깡이 13개 있었습니다. 그중에서 미술 시간에 7개를 사용했다면
남은 수수깡은 몇 개인가요?

식 13−7=6 (처음에 있던 수수깡의 수, 사용한 수수깡의 수) 답 6개

풀이 (남은 수수깡의 수)
=(처음에 있던 수수깡의 수)−(사용한 수수깡의 수)
=13−7=6(개)

2 엘리베이터에 11명이 타고 있었습니다. 그중에서 3명이 내렸다면
엘리베이터에 남은 사람은 몇 명인가요?

식 11−3=8 답 8명

풀이 (남은 사람 수)
=(처음에 타고 있던 사람 수)−(내린 사람 수)
=11−3=8(명)

왼쪽 1, 2번과 같이 문제의 핵심 부분에 색칠하고,
계산해야 하는 두 수에 밑줄을 그어 문제를 풀어 보세요.

정답 20쪽

3 동진이네 가족이 시루떡을 17개 만들었습니다. 그중에서 이웃집에 8개를
주었다면 남은 시루떡은 몇 개인가요?

식 17−8=9 답 9개

풀이 (남은 시루떡의 수)
=(처음에 만든 시루떡의 수)−(이웃집에 준 시루떡의 수)
=17−8=9(개)

4 주차장에 자동차가 15대 있었습니다.
그중에서 7대가 주차장에서 나갔다면
주차장에 남은 자동차는 몇 대인가요?

식 15−7=8

답 8대

풀이 (남은 자동차의 수)
=(처음에 있던 자동차의 수)−(나간 자동차의 수)
=15−7=8(대)

5 신발 가게에 운동화가 14켤레 있었습니다. 그중에서 9켤레를 팔았다면
남은 운동화는 몇 켤레인가요?

식 14−9=5 답 5켤레

풀이 (남은 운동화의 수)
=(처음에 있던 운동화의 수)−(판 운동화의 수)
=14−9=5(켤레)

94 95

96-97쪽

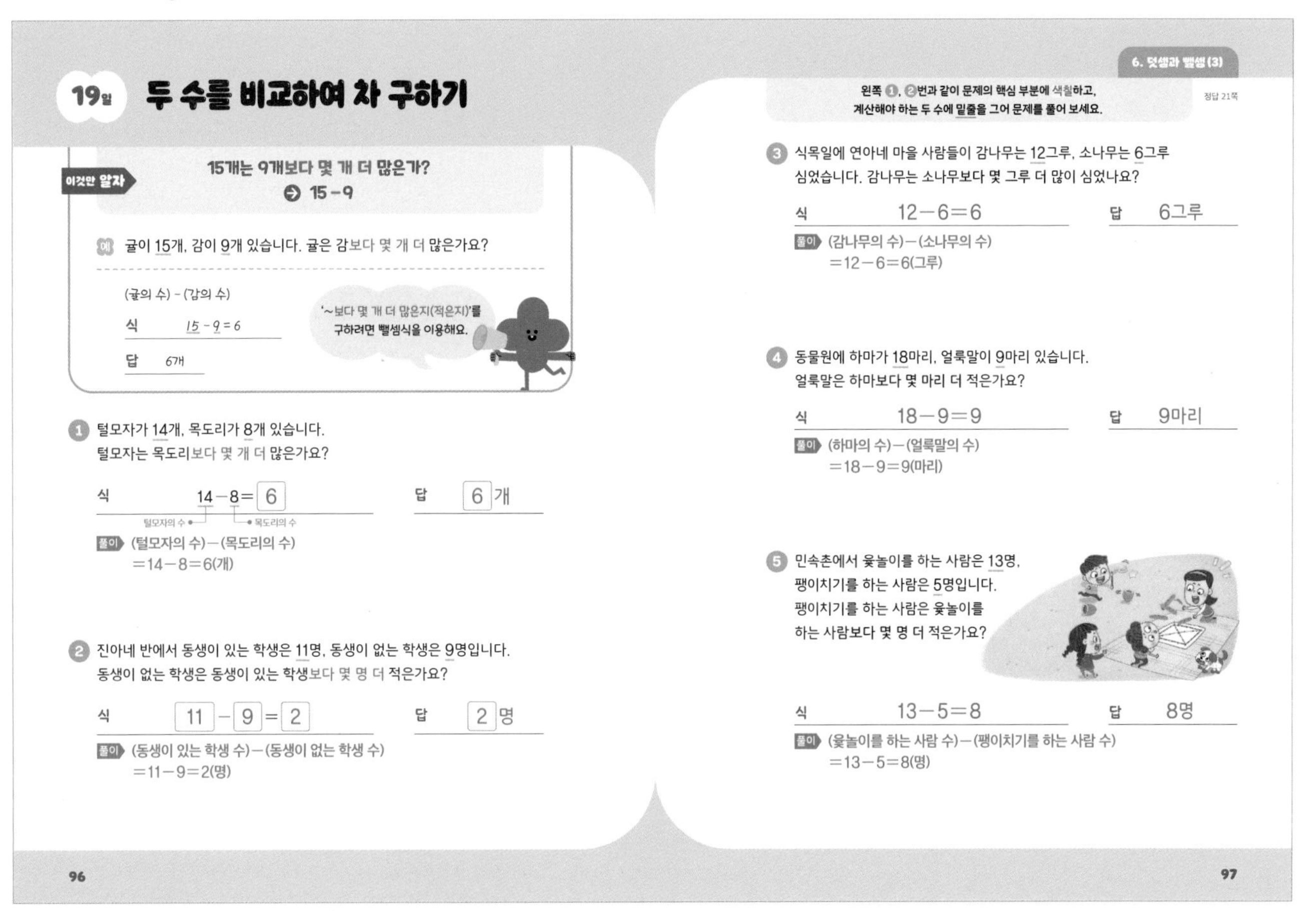

6. 덧셈과 뺄셈 (3)

19일 두 수를 비교하여 차 구하기

이것만 알자

15개는 9개보다 몇 개 더 많은가?
→ 15 − 9

예 귤이 15개, 감이 9개 있습니다. 귤은 감보다 몇 개 더 많은가요?

(귤의 수) − (감의 수)

식 15 − 9 = 6

답 6개

'~보다 몇 개 더 많은지(적은지)'를 구하려면 뺄셈식을 이용해요.

1 털모자가 14개, 목도리가 8개 있습니다.
털모자는 목도리보다 몇 개 더 많은가요?

식 14 − 8 = 6 (털모자의 수, 목도리의 수) 답 6개

풀이 (털모자의 수)−(목도리의 수)
=14−8=6(개)

2 진아네 반에서 동생이 있는 학생은 11명, 동생이 없는 학생은 9명입니다.
동생이 없는 학생은 동생이 있는 학생보다 몇 명 더 적은가요?

식 11 − 9 = 2 답 2명

풀이 (동생이 있는 학생 수)−(동생이 없는 학생 수)
=11−9=2(명)

왼쪽 1, 2번과 같이 문제의 핵심 부분에 색칠하고,
계산해야 하는 두 수에 밑줄을 그어 문제를 풀어 보세요.

정답 21쪽

3 식목일에 연아네 마을 사람들이 감나무는 12그루, 소나무는 6그루 심었습니다. 감나무는 소나무보다 몇 그루 더 많이 심었나요?

식 12−6=6 답 6그루

풀이 (감나무의 수)−(소나무의 수)
=12−6=6(그루)

4 동물원에 하마가 18마리, 얼룩말이 9마리 있습니다.
얼룩말은 하마보다 몇 마리 더 적은가요?

식 18−9=9 답 9마리

풀이 (하마의 수)−(얼룩말의 수)
=18−9=9(마리)

5 민속촌에서 윷놀이를 하는 사람은 13명, 팽이치기를 하는 사람은 5명입니다.
팽이치기를 하는 사람은 윷놀이를 하는 사람보다 몇 명 더 적은가요?

식 13−5=8 답 8명

풀이 (윷놀이를 하는 사람 수)−(팽이치기를 하는 사람 수)
=13−5=8(명)

96 97

98-99쪽

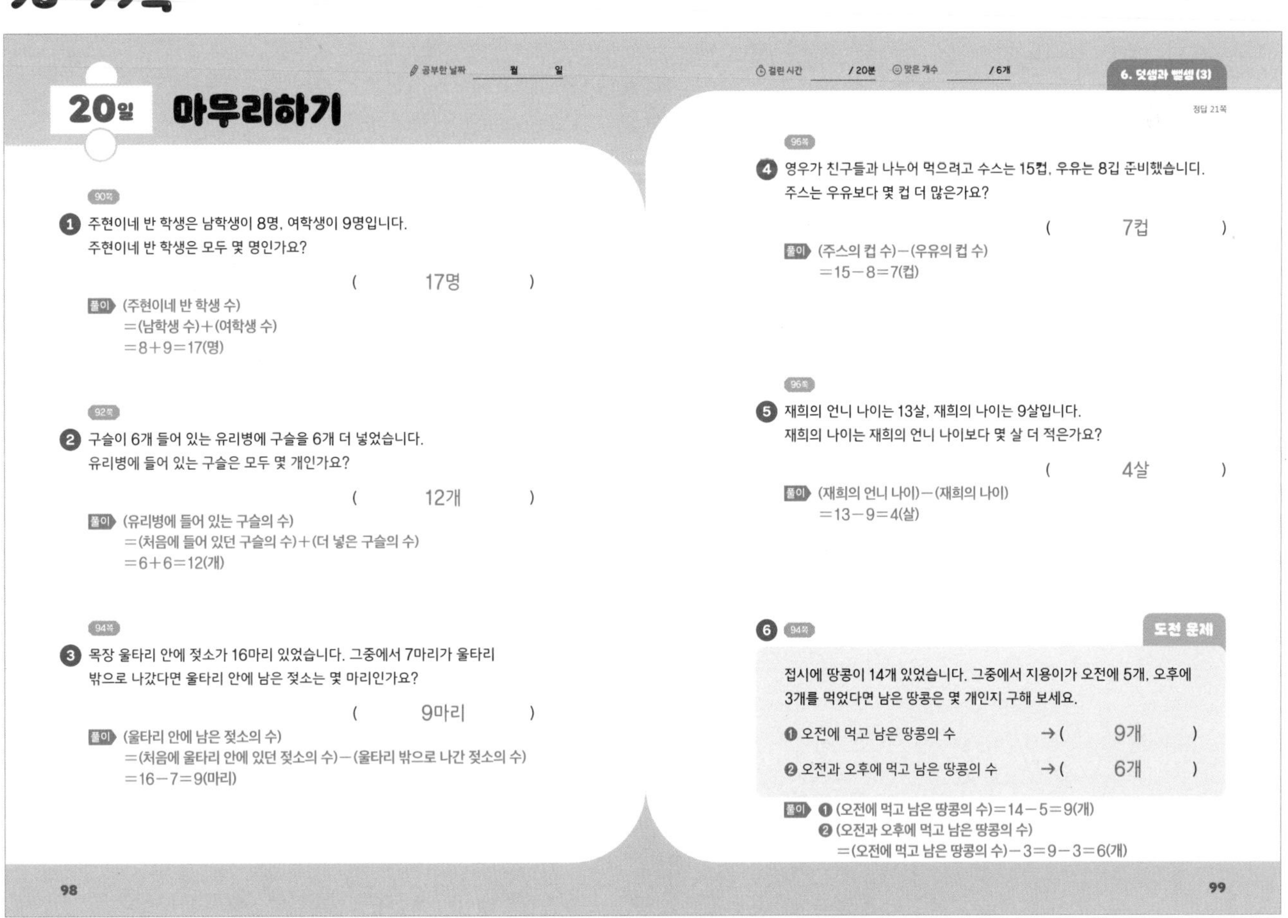

공부한 날짜 월 일 걸린 시간 /20분 맞은 개수 /6개

6. 덧셈과 뺄셈 (3)

20일 마무리하기

정답 21쪽

90쪽
1 주현이네 반 학생은 남학생이 8명, 여학생이 9명입니다.
주현이네 반 학생은 모두 몇 명인가요?

(17명)

풀이 (주현이네 반 학생 수)
=(남학생 수)+(여학생 수)
=8+9=17(명)

92쪽
2 구슬이 6개 들어 있는 유리병에 구슬을 6개 더 넣었습니다.
유리병에 들어 있는 구슬은 모두 몇 개인가요?

(12개)

풀이 (유리병에 들어 있는 구슬의 수)
=(처음에 들어 있던 구슬의 수)+(더 넣은 구슬의 수)
=6+6=12(개)

94쪽
3 목장 울타리 안에 젖소가 16마리 있었습니다. 그중에서 7마리가 울타리 밖으로 나갔다면 울타리 안에 남은 젖소는 몇 마리인가요?

(9마리)

풀이 (울타리 안에 남은 젖소의 수)
=(처음에 울타리 안에 있던 젖소의 수)−(울타리 밖으로 나간 젖소의 수)
=16−7=9(마리)

96쪽
4 영우가 친구들과 나누어 먹으려고 주스는 15컵, 우유는 8컵 준비했습니다.
주스는 우유보다 몇 컵 더 많은가요?

(7컵)

풀이 (주스의 컵 수)−(우유의 컵 수)
=15−8=7(컵)

96쪽
5 재희의 언니 나이는 13살, 재희의 나이는 9살입니다.
재희의 나이는 재희의 언니 나이보다 몇 살 더 적은가요?

(4살)

풀이 (재희의 언니 나이)−(재희의 나이)
=13−9=4(살)

6 94쪽 도전 문제

접시에 땅콩이 14개 있었습니다. 그중에서 지용이가 오전에 5개, 오후에 3개를 먹었다면 남은 땅콩은 몇 개인지 구해 보세요.

❶ 오전에 먹고 남은 땅콩의 수 → (9개)

❷ 오전과 오후에 먹고 남은 땅콩의 수 → (6개)

풀이 ❶ (오전에 먹고 남은 땅콩의 수)=14−5=9(개)
❷ (오전과 오후에 먹고 남은 땅콩의 수)
=(오전에 먹고 남은 땅콩의 수)−3=9−3=6(개)

98 99

실력 평가

100-101쪽

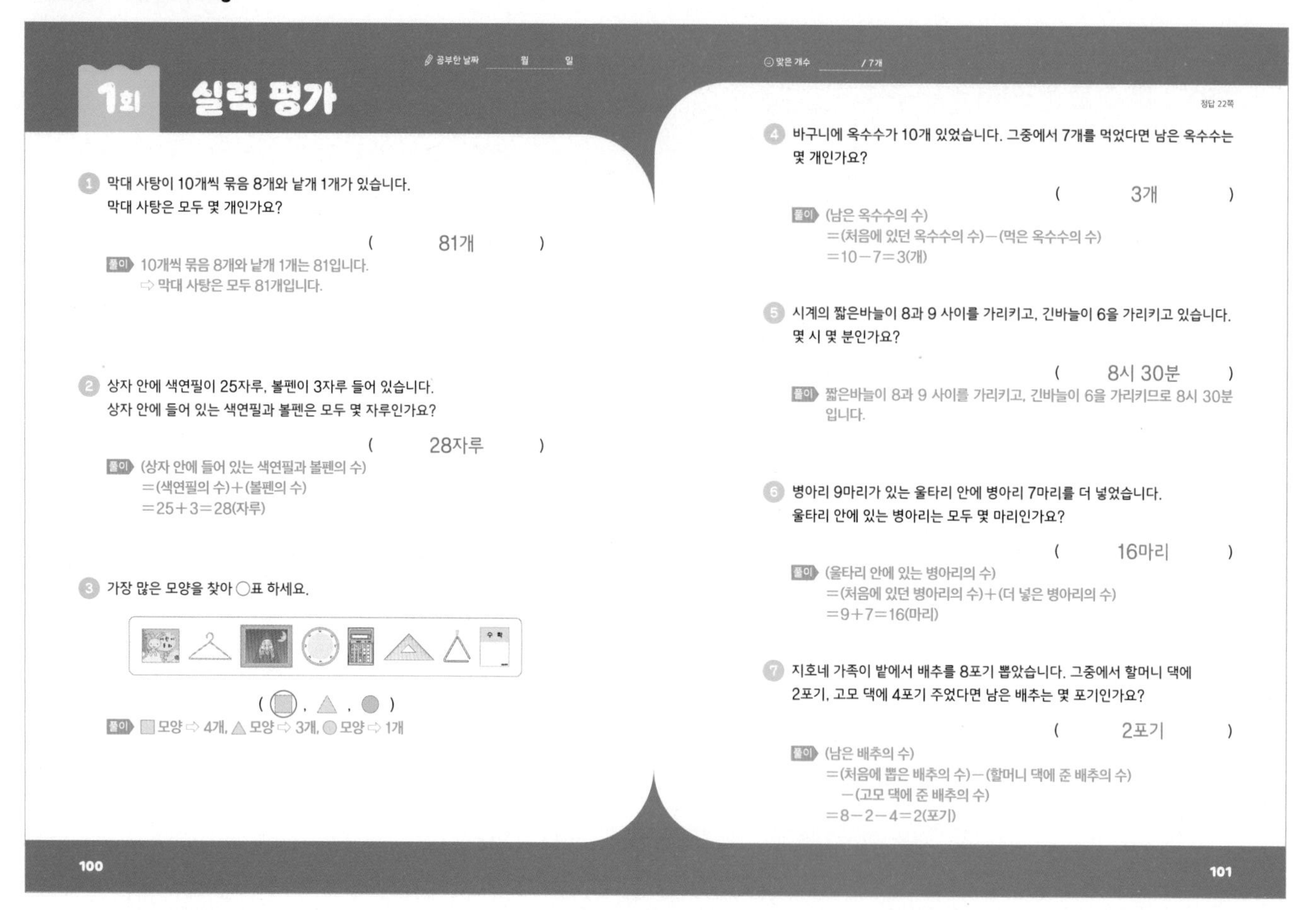

1회 실력 평가

공부한 날짜 월 일

맞은 개수 / 7개

정답 22쪽

1 막대 사탕이 10개씩 묶음 8개와 낱개 1개가 있습니다.
막대 사탕은 모두 몇 개인가요?

(81개)

풀이 10개씩 묶음 8개와 낱개 1개는 81입니다.
⇨ 막대 사탕은 모두 81개입니다.

2 상자 안에 색연필이 25자루, 볼펜이 3자루 들어 있습니다.
상자 안에 들어 있는 색연필과 볼펜은 모두 몇 자루인가요?

(28자루)

풀이 (상자 안에 들어 있는 색연필과 볼펜의 수)
=(색연필의 수)+(볼펜의 수)
=25+3=28(자루)

3 가장 많은 모양을 찾아 ○표 하세요.

(■, ▲, ●) — ■에 ○표

풀이 ■ 모양 ⇨ 4개, ▲ 모양 ⇨ 3개, ● 모양 ⇨ 1개

4 바구니에 옥수수가 10개 있었습니다. 그중에서 7개를 먹었다면 남은 옥수수는 몇 개인가요?

(3개)

풀이 (남은 옥수수의 수)
=(처음에 있던 옥수수의 수)−(먹은 옥수수의 수)
=10−7=3(개)

5 시계의 짧은바늘이 8과 9 사이를 가리키고, 긴바늘이 6을 가리키고 있습니다.
몇 시 몇 분인가요?

(8시 30분)

풀이 짧은바늘이 8과 9 사이를 가리키고, 긴바늘이 6을 가리키므로 8시 30분입니다.

6 병아리 9마리가 있는 울타리 안에 병아리 7마리를 더 넣었습니다.
울타리 안에 있는 병아리는 모두 몇 마리인가요?

(16마리)

풀이 (울타리 안에 있는 병아리의 수)
=(처음에 있던 병아리의 수)+(더 넣은 병아리의 수)
=9+7=16(마리)

7 지호네 가족이 밭에서 배추를 8포기 뽑았습니다. 그중에서 할머니 댁에 2포기, 고모 댁에 4포기 주었다면 남은 배추는 몇 포기인가요?

(2포기)

풀이 (남은 배추의 수)
=(처음에 뽑은 배추의 수)−(할머니 댁에 준 배추의 수)
−(고모 댁에 준 배추의 수)
=8−2−4=2(포기)

100 101

102-103쪽

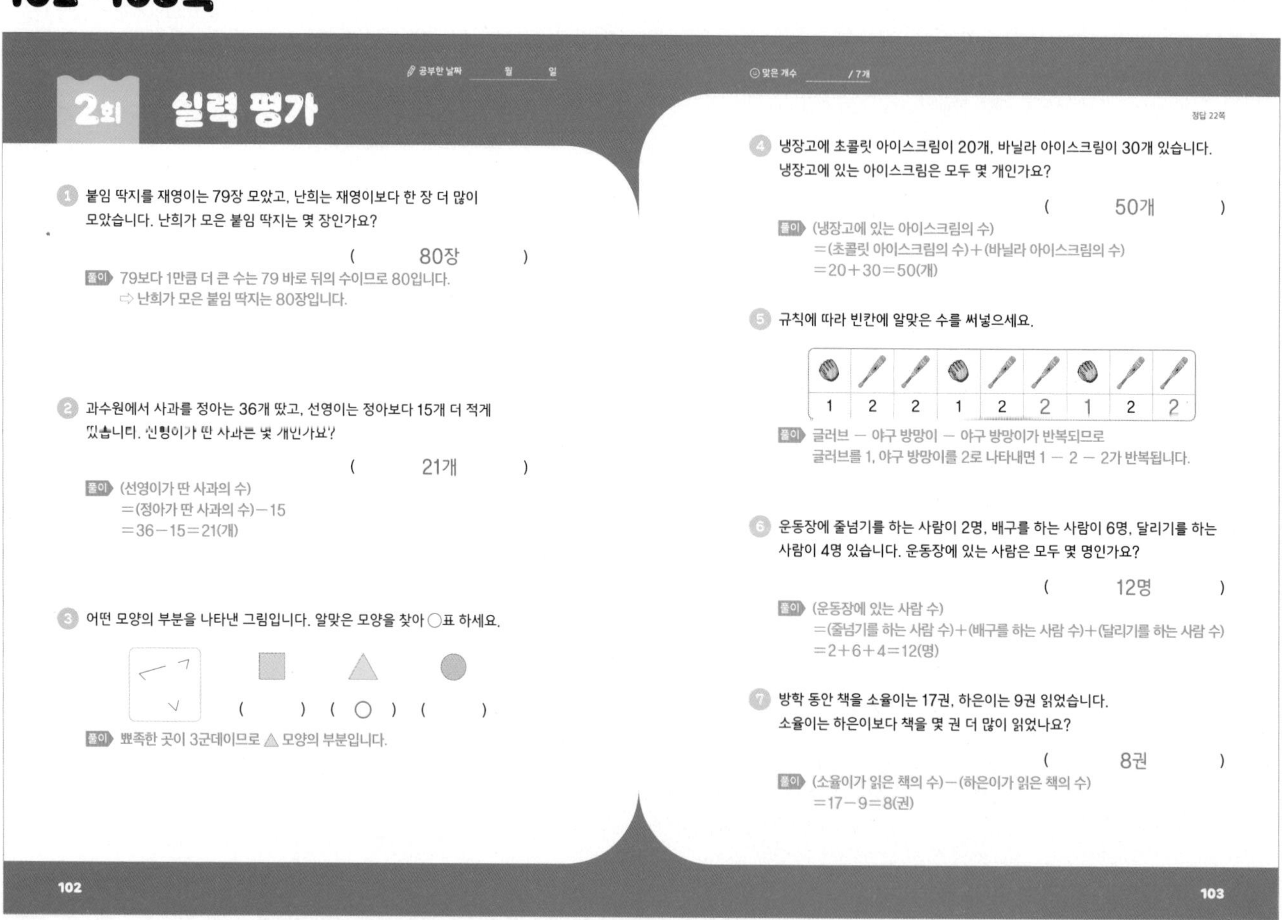

2회 실력 평가

공부한 날짜 월 일

맞은 개수 / 7개

정답 22쪽

1 붙임 딱지를 재영이는 79장 모았고, 난희는 재영이보다 한 장 더 많이 모았습니다. 난희가 모은 붙임 딱지는 몇 장인가요?

(80장)

풀이 79보다 1만큼 더 큰 수는 79 바로 뒤의 수이므로 80입니다.
⇨ 난희가 모은 붙임 딱지는 80장입니다.

2 과수원에서 사과를 정아는 36개 땄고, 선영이는 정아보다 15개 더 적게 땄습니다. 선영이가 딴 사과는 몇 개인가요?

(21개)

풀이 (선영이가 딴 사과의 수)
=(정아가 딴 사과의 수)−15
=36−15=21(개)

3 어떤 모양의 부분을 나타낸 그림입니다. 알맞은 모양을 찾아 ○표 하세요.

■ ( ) ▲ (○) ● ( )

풀이 뾰족한 곳이 3군데이므로 ▲ 모양의 부분입니다.

4 냉장고에 초콜릿 아이스크림이 20개, 바닐라 아이스크림이 30개 있습니다.
냉장고에 있는 아이스크림은 모두 몇 개인가요?

(50개)

풀이 (냉장고에 있는 아이스크림의 수)
=(초콜릿 아이스크림의 수)+(바닐라 아이스크림의 수)
=20+30=50(개)

5 규칙에 따라 빈칸에 알맞은 수를 써넣으세요.

1	2	2	1	2	2	1	2	2

풀이 글러브 − 야구 방망이 − 야구 방망이가 반복되므로
글러브를 1, 야구 방망이를 2로 나타내면 1 − 2 − 2가 반복됩니다.

6 운동장에 줄넘기를 하는 사람이 2명, 배구를 하는 사람이 6명, 달리기를 하는 사람이 4명 있습니다. 운동장에 있는 사람은 모두 몇 명인가요?

(12명)

풀이 (운동장에 있는 사람 수)
=(줄넘기를 하는 사람 수)+(배구를 하는 사람 수)+(달리기를 하는 사람 수)
=2+6+4=12(명)

7 방학 동안 책을 소율이는 17권, 하은이는 9권 읽었습니다.
소율이는 하은이보다 책을 몇 권 더 많이 읽었나요?

(8권)

풀이 (소율이가 읽은 책의 수)−(하은이가 읽은 책의 수)
=17−9=8(권)

102 103

MEMO

MEMO